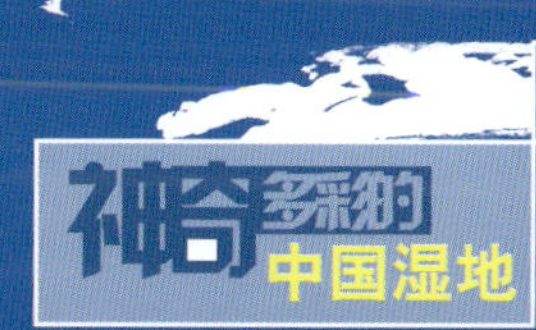

中国滨海湿地

Coastal Wetlands in China

渔山列岛（陈水华摄）

图书在版编目（CIP）数据

中国滨海湿地/何文珊编著. —北京：中国林业出版社，2008.1

（神奇多彩的中国湿地）

ISBN 978-7-5038-5156-8

Ⅰ.中… Ⅱ.何… Ⅲ.海滨-沼泽化地-概况-中国 Ⅳ. P942.078

中国版本图书馆CIP数据核字（2008）第007163号

出　版　中国林业出版社
（100009 北京西城区刘海胡同7号）
网　址　www.cfph.com.cn（电话：010-66176317）
E-mail　cfphz@ public.bta.net.cn
发　行　新华书店北京发行所
印　刷　中国印刷总公司北京新华印刷厂
开　本　787mm × 1092mm　1/16
版　次　2008年1月第1版
印　次　2008年1月第1次
印　张　7
定　价　43.00元

神奇多彩的中国湿地

中国滨海湿地

Coastal Wetlands in China

何文珊 编著

中国林业出版社

总 策 划

印　红

丛书主编

崔丽娟

丛书编委（按姓氏笔画顺序排列）

丁　平　马学慧　王义飞　白军红
刘兴土　刘国强　李利锋　张曼胤
陈水华　何文珊　袁　军　崔丽娟
鲍达明

编写人员

何文珊

摄影人员（按姓氏笔画顺序排列）

王吉衣　刘文亮　陈水华　何文珊
何芬奇　崔丽娟　章克家

选题策划

崔丽娟　严　丽

封面摄影

陈水华

Preface

序

从“衔远山，吞长江，浩浩汤汤”的八百里洞庭、“水光潋滟晴方好，山色空蒙雨亦奇”的迷人西子湖，到红军长征爬雪山过草地经过的若尔盖，等等，这些早已为人熟识的地名，记录着中国的文化、历史和政治，在这些名字后面，都隐藏着“湿地”二字，而“湿地”如今都被科学分类冠名为“湿地生态系统”。

湿地是淡水资源的储存地，是人类生活、生产用水的主要来源；湿地是碳库，是全球气候变暖的缓冲器；湿地能增加周围空气的湿度，是区域微气候的调节器；湿地降解有毒和污染物质、净化水体，是污染处理器；湿地蓄存水分、削减洪峰，调节河川径流；湿地抵御海浪、台风和海啸，防止海水入侵，保护堤岸；湿地为各种生物提供栖息、繁殖以及庇护场所；湿地还是人类休憩旅游、怡情养性和欣赏自然风光的好去处。

中国的湿地面积大，类型多，分布广，风光旖旎，神奇秀丽、多姿多彩。清澈悠闲的溪水、激情奔腾的河流、宁静清丽的湖泊、恬淡羞涩的沼泽、汹涌无际的海洋，中国神奇多彩的湿地在潮涨潮落中、在沧海桑田间传承着自然财富和人类文化，给人们带来无尽的福祉。

“神奇多彩的中国湿地”分《中国湿地概览》、《中国湿地水鸟》、《中国滨海湿地》、《中国高原湿地》和《中国的国际重要湿地》等几个分册，从不同的角度向读者展示了中国湿地的风采。书中以优美的文字配以简洁的说明图示和精美的图片，向读者宣传湿地知识，介绍中国湿地，是一套不可多得的好书，也是专业人员学习相关知识的好材料。希望通过本书，能够增强公众热爱湿地、珍惜湿地资源、维护湿地健康的意识。

蓝天碧水、绿草鲜花，雀鸟鸣啭、锦鳞游泳，健康湿地体现了人与自然的和谐，也是我们的美好愿景！

2008年1月

中國濱海濕地

前言

这本书的缘起是有些突然的。2005年的一天，崔丽娟博士给我挂电话，约我写一本关于中国滨海湿地的书。我很是意外，那时我们已经颇多交往，我知她在湿地研究这个圈子里认识很多大家名人。她在电话里一再强调要写的是科普读物，不能写得太深奥，还要注意好图文搭配。我们在电话里聊了挺久，她给了我许多鼓励，我答应把这任务接下来了。

但是，自后的半年里，我都没有正式动笔，只时不时写些零散的段落，一是从来都没有写过书，完全没有经验可言；二是由于工作的需要，去看了许多不同的滨海湿地，又读了一些关于湿地的著作，越发觉得这个任务不简单。2005年近年末的时候，崔博士来电询问进展，这才促使我正式动笔。初稿完成于2006年的农历新年里，窗外爆竹声声，我在中国滨海湿地上神游，一边写，一边感慨自己游历得太少。

中国的海岸线漫长曲折，其上的每一种湿地都各有特色——从悬崖峭壁到广袤的泥滩，从一望无际的芦苇地到郁郁葱葱的红树林，从油田到自然保护区，从沿袭多年的渔村到新兴大都会的市郊，也许，再不会有一类湿地能像滨海湿地那样扮演那么多的角色，呈现那么丰富的形式，让人生于其中，乐于其中，而未必意识到其存在和精彩。我国虽然是一个历史悠久的农业国，但是，与海相处的历史也长达数千年。河姆渡文化遗址中，曾出土了6支独木舟船桨，可见在距今

7000年前浙江以南的沿海和岛屿已经有了航海活动。虽然史书中从来都没有出现过“滨海湿地”的字眼，但是不乏许多宝贵记录，内容涵盖了潮汐、渔业、海啸、航海等，此外，还散见于许多诗词散文。可见，我国的滨海湿地不仅具有丰富的自然禀赋，并且已经深深地融入了沿海人民的生产实践之中。

由于作者学识有限，完稿时依然觉得遗憾，总觉得还有许多想写的尚未写下，然而又无从添加。本想邀请一位德高望重的前辈为拙作写一篇序，但是话到嘴边又咽了下去，希望这本科普小书能以最平和的方式被读者接受或批评。

从初稿到终稿，我有幸得到了崔博士和严丽编辑的仔细修改，也给了我很多关于段落修改的启发，非常感谢她们的辛勤工作。也感谢章克家、王吉衣、刘文亮等友人与我分享他们在滨海湿地上的光影记录，使得本书更加有声有色。

何文珊
2007年11月

渔山列岛（陈水华摄）

目录

CONTENTS

中国滨海湿地概况

韭山列岛（陈水华摄）

概　述

水文状况是决定湿地与海洋和陆地发生显著差异的关键因素，由此形成的环境决定了湿地土壤为水成土，或常年或周期性地被水覆盖，生活在其中的植物都是耐湿耐淹物种，包括挺水植物、沉水植物、漂浮植物以及其他耐湿植物。

与其他类型的湿地显著不同的是，滨海湿地的水位波动特征尤其明显。由于潮汐、波浪、潮流的影响，滨海地带的潮起潮落特征具有非常复杂的机制。潮汐是海水在天体引潮力作用下产生的周期性垂直涨落运动，周期性的水平流动运动称为潮流。我国近海潮汐可看成主要是由太平洋传入的潮波所引起的。在海岸带上的各河口地区，由于淡水的注入，以及咸、淡水的不同混合模式，导致河口地区的水动力条件更加复杂，生物群落的分布与变化也随之发生变化。

根据《湿地公约》分类系统，湿地被分为三大类：海洋与滨海湿地、内陆湿地、人工湿地。海洋与滨海湿地又可分为11个小类（下图A～K），涵盖了不同的植被类型和基质类型。各类湿地可能在一个区域内同时分布，或是因为底质的不同而镶嵌分布，或是因为高程不同而成带状分布，并且有些区域的滨海湿地由于形成过程的复杂而同时兼有几种滨海湿地类型的特征。《湿地：人与自

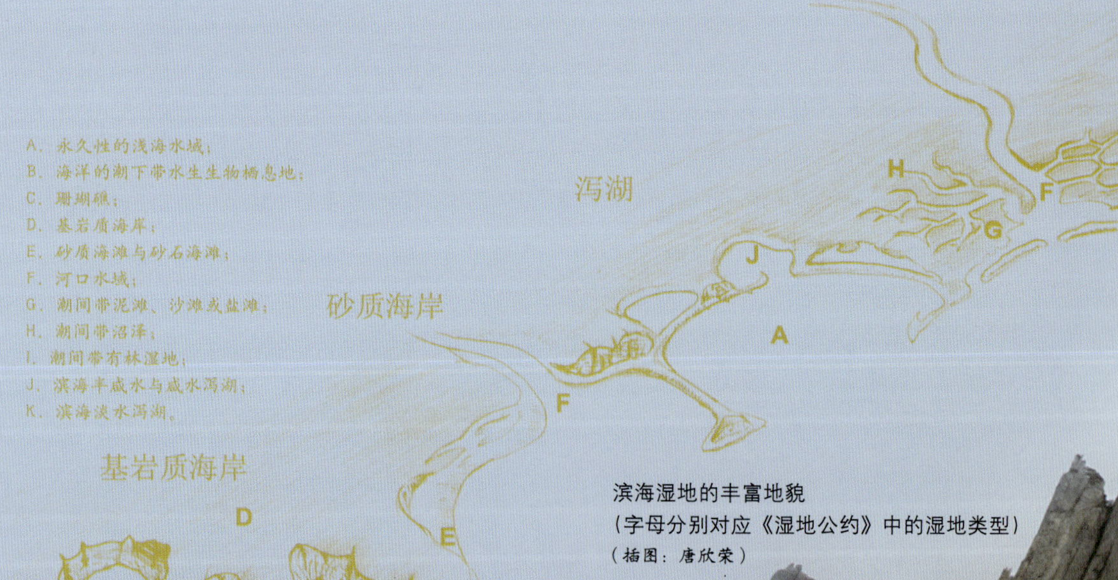

滨海湿地的丰富地貌
（字母分别对应《湿地公约》中的湿地类型）
（插图：唐欣荣）

然和谐共存的家园——中国湿地保护》(2005)中，在兼顾了植被特征和底质特征的基础上，又对滨海湿地的分类做了更加趋于定量化的描述。总之，滨海湿地是一类复杂的湿地类型，关于它们的分类系统也正在不断完善的过程之中。

湿地科学是一门年轻的学科，人们从石器时代就在滨海地区生活，而对它的认识和研究却只是近100年内的事情。滨海湿地只是丰富的湿地类型中的一种。尽管如此，如同湿地本身的分类一样，对滨海湿地的分类也会始终随着人们对湿地的认识、开发和保育的不断深入而向前发展。但是，由于滨海湿地是最受到人类活动干扰的区域，人们除了利用湿地、开发湿地之外，也在迅速地改变湿地。上述的分类系统都以自然湿地为主，所划分的是自然作用在海岸线上创造的景观类型，但是，由于人为活动在滨海地区产生湿地类型越来越多，范围越来越大，并且相当部分都能保持得较为长久，或者是在滨海湿地向陆地转化过程中必然存在的中间形态，因此也应作专门的分类和研究。目前已有广泛分布的主要类型有：水产养殖塘（包括鱼塘、虾塘、蟹塘等）、水田、湿生草甸（由于人为因素而不再受潮汐影响的原潮间沼泽）、沟渠、水库、景观湿地（具有湿地特征，但是以人工栽培植被为主，并且地下水仍然具有显著的盐碱特征）等。由于人为作用所产生的这些湿地类型可能在生产力或经济效益上等同甚至超过相同地区的自然湿地，但是其生物多样性和生态效益却往往无法与自然湿地相媲美，并且与大自然的鬼斧神工相比，目前人工湿地的景观效果总是不如前者。我们无法否认，人工湿地在滨海地区所占的面积正在逐步扩大，以辽河三角洲为例，人工湿地的面积已经占了三角洲湿地总面积的一半左右。自然的滨海湿地则在相应地让位——虽然生态修复与湿地重建已经受到了越来越多的重视，但是，它的效果还是需要更多的时间来验证。

台州列岛（陈水华摄）

我国滨海湿地的类型与分布

我国拥有 18 000km 长的大陆海岸线，东起鸭绿江口，西止北仑河口，濒临渤海、黄海、东海和南海，跨越了热带、亚热带、暖温带等多个气候带，自北向南与之毗邻的有辽宁、河北、天津、山东、江苏、上海、浙江、福建、广东、广西等 10 个省（自治区、直辖市），香港、澳门特别行政区，及台湾、海南两个岛屿省份。除渤海为中国的内海外，黄海、东海和南海都是太平洋的边缘海。不同的地形、地貌、水热条件和开发过程在漫长海岸线上造就了丰富的滨海湿地类型。

总的来说，我国海岸地势平坦，多优良港湾，面积 $10km^2$ 以上的海湾有 160 个。我国滨海湿地范围包括了 27 000 km^2 的浅海水域和 22 000km^2 的潮间带滩涂，滨海湿地的总面积近 60 000km^2。

我国拥有《湿地公约》分类系统中海洋与滨海湿地的所有 11 个小类。其中，位于热带的滨海湿地以珊瑚礁、基岩质海岸、砂质 / 砂石海滩为主，亚热带以红树林湿地、盐沼湿地为主，暖温带则以盐沼湿地、潮间带泥滩和砂质 / 砂石海滩为主。海草床在我国滨海地区自北向南都有分布，而 1500 多条大小入海河流的河口都分布了形态各异的河口湿地。我国的主要滨海湿地类型有如下几种：

1. 盐沼湿地（潮间盐水沼泽） 盐沼湿地是我国最普遍的湿地类型之一。主要分布在长江口以北的滨海地区，但是随着米草等草本植物在南方沿海的蔓延，

双台子河口的红海滩已经与油田开发融为一体（何文珊摄）

在长江口以南的沿海湿地，尤其是福建省，也在加大分布。

芦苇群落（Ass. *Phragmites australis*）是在我国滨海湿地分布最为广泛的草本盐沼类型。芦苇是一种耐湿耐盐的多年生草本植物，除了滨海湿地外，在内陆的淡水湿地、咸水湿地也都有分布。芦苇在我国最北部的滨海湿地——辽东湾及渤海湾就有广泛分布。在盘锦湿地，目前保留着的苇田面积为 66 383hm^2，仅次于罗马尼亚的多瑙河三角洲的苇田，是亚洲最大的苇田，世界第二大苇田。新中国建立初期，我国环渤海地区的苇田面积超过 100 000hm^2，是全国沿海芦苇分布最集中、产量最大的地区，也是世界第一大苇田，油田开发和水稻耕作导致了苇田在近 50 年内的萎缩和破碎化。天津汉沽、塘沽及大港的芦苇沼泽位居全国第二，保留面积近 3700 hm^2。此外，黄河口湿地、江苏省滨海湿地、长江口湿地也有较大面积的芦苇群落分布，我国滨海湿地的分布最南缘可达深圳、米埔等地。

芦苇群落通常高大且茂密，成熟季节的植株高度在 1 ~ 4m 之间，群落内偶见水烛 *Typha angustifolia* 等少量伴生物种。芦苇沼泽通常成片分布在潮间带上部和潮上带，以斑块的方式在海岸性淡水湖中生长。

由于芦苇分布广泛，各地生活条件有所差异，因此有许多变种。目前在滨海湿地记录到射阳苇 *Phragmites australis* var. *sheyanensis* 和立紫苇 *Phragmites australis* var. *purpureae* 两个变种，射阳苇分布在东海海岸、长江三角洲的滨海湿地上，立紫苇分布在渤海海岸和辽河三角洲地区。

芦苇群落通常是鱼、虾、贝、蟹聚居地，是各种水禽、鸟类栖息的场所，有些鸟更是从其名称就能判断它们对芦苇的依赖性，如芦鹀 *Emberiza schoeniclus*、大苇莺 *Acrocephalus arundinaceus* 等。此外，密集生长的芦苇具有促淤固岸的功能，其原理是削减波浪能量，减缓流速，促使水中的泥沙颗粒沉降下来，从而促进海岸淤涨，降低由于风暴潮等自然灾害带来的冲刷的风险。不过，芦苇并非滨海湿地的先锋物种，因此在其前沿通常为先锋物种群落，如北方的盐地碱蓬群落和长江口的海三棱藨草（*Scirpus* × *mariqueter*）群落，促使泥沙沉积，形成广阔的粉沙淤泥滩涂。随着滩面的升高，海水不断后退，不断生成新生的土地。

盐地碱蓬群落（Ass. *Suaeda salsa*）是我国北方滨海湿地的另一个重要群落。盐地碱蓬为真盐生植物，具有典型的叶片肉质化现象。在盐度较高的潮滩上，是较为普遍的先锋物种。盐地碱蓬的建群和扩散能显著增加底质的有机质含量，加速潮滩的土壤化过程。随着潮滩的淤高，滨海盐土中含盐量逐步降低，当含盐量降低至 0.6% ~ 1.0% 时，盐地碱蓬群落中出现獐毛 *Aeluropus sinensis* 等泌盐盐生植物，随着盐度的进一步下降，就会出现芦苇等假盐生植物。

在双台子河口，盐地碱蓬群落的面积一度

鹤鹬（章克家摄）

芦苇群落是我国沿海分布最广泛的盐生植物群落，并且是重要的造纸原料（何文珊摄）

在风、浪作用强烈的光滩上，只有海三棱藨草能够扎根生活（何文珊摄于长江口崇明东滩）

达 2000hm^2，每到金秋时节，碱蓬逐渐转红，大片的单优群落呈鲜红色，绵延不断，被誉为“红地毯”，其壮观令人无法想象。但是，近年来，盐地碱蓬群落的面积日益萎缩，其原因可能是由于各种干扰因素致使潮滩盐度下降所导致的。

互花米草目前已经遍布我国滨海湿地（何文珊摄于崇明岛北沿湿地）

海三棱藨草是长江口湿地的先锋物种（章克家摄）

秋季在长江口湿地上常见海三棱藨草的种子，可能被鸟类所食，也可能就在下一个生长季节里萌发，或是随潮水漂浮到其他湿地上去（刘文亮摄）

互花米草群落（Ass. *Spartina alterniflora*）是我国沿海近 30 年内出现的优势群落。我国为了海岸带的保滩护岸、促淤造陆，批准有关部门于 1963 年从英国引进大米草 *Spartina anglica*，于 1979 年从美国引进互花米草（仅引进南方高杆生态型），并在 20 世纪 90 年代后从美国引进第三种大米草——狐米草 *Spartina patens*。米草为泌盐盐生植物，具有盐腺结构，耐海水淹没，是潮间带中下部的优势物种。据不完全统计，目前，我国米草植物分布面积已超过 36 000hm^2，从辽宁的鸭绿江口到广东电白县，均为人工种植。目前我国沿海米草属的 3 种物种中，以互花米草的覆盖面积为最大、最广泛，在全国 80 多个县（市）均有分布。江苏沿海曾引种 210km^2 的大米草，目前已经基本退化，被互花米草所替代。

海三棱藨草群落（Ass. *Scirpus* × *mariqueter*）是分布于江苏、浙江、河北等地潮间带湿地的特有湿地植物群落。海三棱藨草的模式标本采自河北，但是目前主要分布在长江口诸岛屿以及杭州湾南岸滩涂湿地。海三棱藨草为莎草科多年生盐生草本植物，是我国特有的盐生草本植物，通常是潮间带下部的先锋物种。由于海三棱藨草具有棱形的叶片结构，并且叶片表面较粗糙，因此具有很高的泥沙拦截能力，当海三棱藨草形成具有较高盖度和密度的群落时，其捕沙能力显著增强。除了对悬沙具有捕捉和黏附作用外，未被潮水淹没的海三棱藨草能显著地削弱风力，当光滩上的风速超过 10m/s 时，海三棱藨草群落的底部风速接近于 0（小于 1m/s）。由于风是波浪的能量来源，因此，海三棱藨草群落对风力的削弱可抑制由于波浪作用导致的沉积物再悬浮。据测定，长江口南汇边滩的海三棱藨草年平均淤积泥沙可达 8.7cm，每年使潮滩向外扩展 50 ~ 60m。当

滩面淤涨到一定高度后，芦苇、水烛等其他湿地植物就会侵入并建群。

短叶茳芏群落 (Ass. *Cyperus malaccensis* var. *brevifolius*) 是我国南方沿海的常见湿地草本植物群落，分布于珠江口两侧，东至深圳，西至台山，以及广西的钦州湾和南流河口一带。短叶茳芏是茳芏 *Cyperus malaccensis* 的变种，两者常混生，大都以带状或斑块状分布于淤泥质潮滩上，尤其是在发生咸淡水交汇的河口。短叶茳芏也偶与红树林伴生。在广西南流河口，以桐花树为主的红树林因开发利用不当而发生退化，如今茳芏—短叶茳芏群落成为优势群落。

短叶茳芏群落是我国南方淤泥质潮滩上较少的成片分布的莎草型草丛之一。滨海湿地特有的潮位变化的痕迹清晰可见（何文珊摄于深圳大鹏半岛）

2. 潮间砂石海滩 潮间砂石海滩通常与基岩质海岸镶嵌存在，底质以颗粒较大的石英砂或砾石为主，松散无结构，透水性强，保水力差，有机质含量低。其上植被覆盖较少，为沙生植被，包括沙生草本植物、灌木和乔木。沙生植被通常以斑块状或条状分布在沙滩上部。

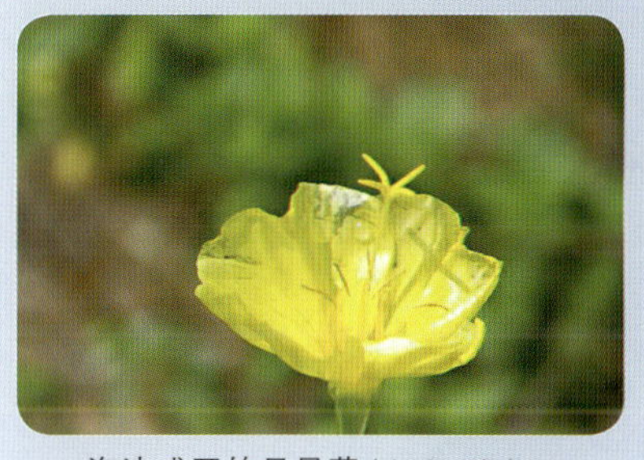

海边盛开的月见草（何文珊摄）

沙生草丛包括了禾草型和杂草型草丛两个种类。禾草型草丛以禾本科和莎草科的多年生草本为建群种。从辽宁省到浙江省较多出现的禾草型草丛有沙钻苔草群落 Comm. *Carex kobomugi*、矮生苔草群落 Comm. *Carex pumila*、白茅群落 Comm. *Imperata cylindrica* var. *major* 等，在福建、广东沿海沙滩上，则常见盐地鼠尾粟群落 Comm. *Sporobolus virginicus*、鬣刺—厚藤群落 Comm. *Spinifex littoreus — Ipomoea pescaprae*、绢毛飘拂草—茅根群落 Comm. *Fimbristylis sericea – Pertis indica* 等。

沙滩边的植物群落不仅有较高的多样性，并且能防风固沙（何文珊摄）

杂草型草丛有沙引草群落 Comm. *Messerschmidia sibirica*，分布于辽宁至江苏的海边沙滩上，多呈单种群落，是沙滩裸地上的先锋群落。在福建沿海常见海边月见草群落 Comm. *Oenothera littoralis*，匍匐生长在沙滩上，晚春盛开时，黄花绿叶，是沙滩上不可多得的美景。

禾草型草丛和杂草型草丛有时也会镶嵌生长，呈现出较高的多样性。

除了草丛外，适应沙生环境的还有蔓荆 *Vitex rotundifolia*、露兜簕 *Pandanus tectorius*、仙人掌 *Opuntia dillienii* 等灌木和多肉类植物，以及木麻黄 *Casuarina* sp.、湿地松、厚荚相思 *Acacia crassicarpa* 等乔木。这些沙生植

在南方沿海常见的厚藤群落（何文珊摄）

露兜簕是广东、海南砂质海滩上的常见物种。由于其果实似菠萝，因此又被称为假菠萝（何文珊摄）

沙地上的单叶蔓荆（何文珊摄）

成片的木麻黄林具有固沙抗风的功能，已经成为我国南方重要的沿海防护林之一（何文珊摄）

物多分布在福建、广东、广西及海南岛的砂质海滩上，是典型的亚热带、热带滨海植物。沙生植被的生长与扩散能起到防风固沙的作用，并促使砂石在沙滩上堆积形成沙堤。

值得一提的是木麻黄，原产自澳大利亚、东南亚和太平洋群岛，我国引种木麻黄有105年的历史。1897年，台湾首先引进木麻黄。1919～1950年，福建、广东、广西、浙江等地先后引进木麻黄，作为行道树和庭院观赏树。1954年，广东营造木麻黄沿海防护林获得成功，华南、东南沿海各地亦先后营造木麻黄人工林。目前，我国引入木麻黄树种21种，人工林种植面积已逾300 000hm^2，木麻黄已成为杭州湾以南沿海主要造林树种之一。木麻黄树高大魁梧，具有速生、耐干旱、耐盐碱、成活率高、抗风沙的特点，适合生长在海滩沙地。木麻黄的根部还有生物固氮作用，针状落叶腐烂后，会增加土壤中的有机质含量，与湿地松和厚荚相思相比，木麻黄在海岸前沿耐潮湿、抗海风能力方面是最强的。

3. 潮间带有林湿地（红树林沼泽等） 红树林是热带海岸潮滩上由红树科（Rhizophoraceae）植物为主组成的一种特殊植被类型，适生于淤泥深厚的海湾或河口高潮线以下的盐渍土壤上，一般分布在南、北纬32°之间的滨海湿地。我国红树林分布范围很广，自然分布为从海南南端至福建福鼎。20世纪60年代起，温州乐清就开始引种秋茄，并在西门岛获得了成功，因此，可以视之为人工种植的北缘。

我国红树林分布以广东和海南为盛，有21科28属38种，其中红树科9种，占全世界红树科的53%。但是，由于我国热带面积少，红树林大部分都分布在亚热带南缘，加之南方沿海人类经济活动干扰大，因此成熟的红树林面积很小，多为次生林，呈小乔木林或灌丛状。除广东、广西、海南和香港的滨海自然保护区外，其余岸段的红树林均为零星或片断分布，普遍具有结构单一、幼林化的特点。我国红树林的群落结构比较简单，发育较好的红树林一般可分乔木、灌木和草本植物3层，还常见有鱼藤 *Derris trifoliata*、球兰 *Hoya carnosa* 和眼树莲 *Dischidia chinensis* 等藤本和附生植物。红树林植物具有非常显著的适应水淹生境的生理学特征，如支柱根（气生根）、呼吸根和板根等各种特化的根系，此外还有特殊的胎生繁殖现象，即它的种子在没有离开母树的果实就开始发芽，生长成为绿色棒状或纺锤形的胚轴，到一定时间后就与果实一起下落而坠入淤泥中，或随潮水去往其他滩涂，能很快生根发芽，生长为幼树。

根据红树林的生境和组成种类的特点，划分为海滩红树林和海岸半红树林两类。海滩红树林指分布在海潮间歇性淹没的海滩上的红树林，亦称为“典型红树林”，在我国南亚热带，热带海滩分布广，面积大。组成种类丰富，约占红树林总种数的60%。海岸半红树林指分布在海岸堤边、海潮一般不易抵达、只有大潮或特大潮时才偶有海水淹没的地段上的群落。由于所在地受海潮侵渍机会少，加之雨水的淋溶冲洗，因而土壤表现有脱盐的作用。pH值一般比海滩红树林为低。土壤较坚硬，为重壤或砂壤土。海岸半红树林组成种类较复杂，以非红树林科的两栖性植物为主，包括喜盐和耐盐的木本植物，常见的主要种有：银叶树 *Heritiera littoralis*、黄槿 *Hibiscus tiliaceus*、莲叶桐 *Hernandia sonora*、水黄皮 *Pongamia pinnata*、海杧果 *Cerber manghas*、玉蕊 *Barringtonia racemosa* 以及卤蕨 *Acrosticum aureum* 等，约占红树林总种类的40%。海岸半红树林分布面积很小，常与海滩红树林邻接，呈带状或小片状分布，它是红树林演替最后阶段的类型。

错综复杂的支柱根能使红树林抵抗波浪的动力作用（何文珊摄）

围绕在树干周围的呼吸根是秋茄的辨识特征之一（何文珊摄）

红树特有的胎生现象（何文珊摄）

这片在河口内保留下来的小片自然红树林层次丰富，不同于人工恢复的纯林（何文珊摄）

防城港的红树林（何文珊摄）

中国红树植物的种类及分布

科　名	名　称	分布							
		海南	香港	澳门	广东	广西	台湾	福建	浙江
红树科 Rhizophoraceae	柱果木榄 *Bruguiera cylindrica*	+							
	木榄 *B. gymnorhiza*	+	+		+	+	+	+	
	海莲 *B. s. var. rhynchopetala*	+							
	尖瓣海莲 *B. s. var. rhynchopetala*	+							
	角果木 *Ceriops tagal*	+	+		+	+	+		
	秋茄 *Kandelia candel*	+	+	+	+	+	+	+	+
	红树 *Rhizophora apiculata*	+							
	红海榄 *R. stylosa*	+	+		+	+			
	红茄冬 *R. mucronata*						+		
爵床科 Acanthaceae	小花老鼠簕 *Acanthus ebracteatus*	+			+				
	老鼠簕 *A. ilicifolius*	+	+	+	+	+	+	+	+
	厦门老鼠簕 *A. xiamenensis*								+
玉蕊科 Barringtoniaceae	玉蕊 *Barringtonia racemosa*	+							
	滨玉蕊 *B. asiatica*						+		
使君子科 Combretaceae	红榄李 *Lumnitzera littorea*	+							
	榄李 *L. racemosa*	+	+		+	+	+		
海漆科 Euphorbiaceae	海漆 *Excoecaria agallocha*	+	+		+	+	+	+	
楝科 Meliaceae	木果楝 *Nylocarpus granatum*	+							
紫金牛科 Myrsinaceae	桐花树 *Aegiceras corniculatum*	+	+	+	+	+	+	+	
棕榈科 Palmaceae	水椰 *Nypa fruticans*	+							
茜草科 Rubiaceae	瓶花木 *Scyphiphora hydrophyllacea*	+							
海桑科 Sonneratiaceae	杯萼海桑 *Sonneratia alba*	+							
	海桑 *S. caseolaris*	+							
	海南海桑 *S. hainanensis*	+							
	大叶海桑 *S. ovata*	+							
梧桐科 Sterculiaceae	银叶树 *Heritiera littoralis*	+							
马鞭草科 Verbenaceae	白骨壤 *Avicennia marina*	+	+	+	+	+	+	+	
种数合计		24	9	4	10	9	9	7	1

红树林是一类具有很高生态效益的滨海湿地类型，具有显著的防风消浪、固堤护岸作用。据测算，覆盖度大于40%、宽度100m左右、高度2.5 ~ 4.0m的红树林，其消浪系数能达到80%，当台风登陆海岸带时，有红树林防护的岸段受到的损伤能显著小于直接暴露在台风之下的裸露岸滩。2004年印度洋海啸给当地带来了巨大的人员伤亡和经济损失，虽然红树林在如此大规模海啸中的作用有所争议，但是，砍伐红树林并将旅游设施直接建设在海边，被公认为增加伤亡损失的重要因素之一，而红树林恢复工作也在海啸过后受到了东南亚各国的重视。红树林和苇田一样具有很强的环境净化功能，研究表明，目前广东沿海红树林每年每公顷可从林地和海水中吸收的氮、磷分别为93.9kg和55.3kg。如果通过红树林生态恢复工程，再增加10 000hm^{2}红树林，每年可吸收氮、磷分别为1884吨和1110吨，削弱了进入近海水体的营养盐和污染物质，大大降低甚至避免赤潮的发生，避免沿海水产养殖遭受损失。另外，红树林的各种气生根和呼吸根发达，在减低海水流速的同时，沉积了大量的泥沙，达到促淤造陆的效益。红树林的底层水流缓慢，是各种鱼、虾、蟹和贝类的优良活动场所，也是各种水禽和候鸟的重要觅食、栖息和繁殖场所。

在我国热带滨海湿地上，除了红树林外，还有热带雨林。在海南万宁县神州半岛至今保存了约950hm^{2}的单优青皮 *Vatica astrotricha* 林，树龄达4000 ~ 16 000年，位于丘陵与海滩之间的滨海沙土上。青皮是群落的优势种，总盖度超过50%，能形成多片单优群落。目前，青皮林在防风固沙、涵养水源、调节小气候方面的生态功能越来越受到广泛认识。在受到严重人为干扰的地段，单优的青皮林已经退化为种类繁多的热带季雨林，出现柄果木 *Mischocarpus sundaicus*、香蒲桃 *Syzygium odoratum* 等伴生树种。目前已经建立了海南青皮林自然保护区。世界上类似的海滩青皮林仅存两处（另一处在澳大利亚），因此具有非常重要的保护意义。

除了热带、亚热带滨海湿地外，温带地区也有人工栽培的潮间带有林湿地。较为典型的是长江口南北支分汊口的边滩湿地，即崇（明岛）西湿地。种植树种为旱柳 *Salix matsudana*、柳杉 *Cryptomeria fortunei* 和落羽杉 *Taxodium distichum*，种植位置位于芦苇群落上方，即高潮带上部，在大潮高潮期间，受潮水淹没。林下带缺乏灌木，以湿生草本为主，包括线叶旋覆花 *Inula linariaefolia*、马兰 *Kalimeris indica* 等物种。目前人工林种植面积已经超过了500hm^2，存活率较高。但是，该人工林具有多样性低、景观单一的缺点，目前正在进行以增加生物多样性、增强鸟类栖息地功能的生态恢复工作。

最先种在长江口崇西湿地的柳树如今已经非常高大了（何文珊摄）

4. 基岩质海岸湿地 我国的基岩质海岸分布很广，在杭州湾以北，集中在辽东半岛和山东半岛。而在杭州湾以南，基岩质海岸就很普遍了。我国的基岩质海岸长度约5000km，约占大陆海岸线总长的30%。除了大陆海岸线外，海岛更是基岩质海岸湿地集中分布的地方。

基岩质海岸的植被分布决定于气候条件、岩石上的土壤发育情况。如果严格按照湿地的定义，基岩质海岸的植被覆盖是非常少的，其潮上带范围通常呈狭长形。但是，基岩质海岸通常又是大陆山丘向海延伸，逼进海洋的余脉，因此，通常山上的植被直接受到海洋的影响。

针叶林是我国沿海常见树林，可分为落叶针叶林和常绿针叶林。

落叶针叶林通常为人工栽培，后再逐步形成自然状态，常见的树种如日本落叶松 *Larix kaempferi* 等，主要分布在青岛崂山的基岩海岸带。

滨海地区的常绿针叶林以松属为主，处于温带的省份分布着油松林和赤松林等温性松林。油松 *Pinus tabuiaeformis* 常见于辽东半岛，但在山东半岛无自然分布；赤松 *Pinus densiflora* 林是山东海岸分布最广、面积最大的森林类型，其自然分布可达江苏的云台山。处于亚热带的省份分布着马尾松林和杉木林。马尾松 *Pinus massoniana* 适于温暖湿润的气候和微酸性土壤，广泛分布于杭州湾以南的基岩质海岸，可做荒山先锋造林树种，被广泛栽植；杉木 *Cunninghamia lanceolata* 仅分布于广东、广西、福建等地的沿海丘陵地区，对土壤要求较高。热带则分布有海南松林和湿地松林；海南松 *Pinus lateri* 在滨海的分布仅见广西防城企沙和光坡乡，与桃金娘 *Phodomyrtus tomentosa* 等阔叶树混生。

除了针叶林外，我国滨海湿地的山丘上从北到南还分布有温带的落叶阔叶林、亚热带的常绿阔叶林和热带的季雨林和雨林。如在江苏基岩质海岸的云台山，可见斑块状分布的化香 *Platycarya strobilacea* 林和成片分布的盐肤木 *Rhus chinensis* －黄檀 *Dalbergia hupeana* 林，均属于落叶阔叶林；在杭州湾的大金山岛上分布有成片的青冈栎 *Quercus glauca* 林和红楠 *Machilus thunbergii* 林，是上海市地域中生长最好的、多样性最高的一片常绿阔叶林。季雨林和雨林则零星分布在广东、广西及海南的海岸带上，但通常离海滩有较大的距离，在海滩边的礁石上，植被覆盖非常少，基本以石生植物为主。以深圳东海岸的七娘山为例，由于地质原因，临海分布有许多裸岩与礁石。裸岩常见于海拔较高的丘陵，可见石生蕨类植物，有的能生长在沟边或山涧的岩石上或石缝中，如狭叶紫萁 *Osmunda angustifolia* 和华南紫萁 *Osmunda vachellii*；有的能生长在向阳而干燥的岩石上，如卷柏 *Selaginella tamariscina*。

基岩质海岸最能让人领略到大自然的鬼斧神工。从地形图上看，基岩质海岸往往夹杂在各个海湾之间，形状各异的岬角与海湾相间分布，岬角之间的岸线圆滑内凹。通常，在岬角处以侵蚀为主，海湾内以堆积为主。在波浪和海流的交互作用下，岬角处侵蚀下来的物质和海底坡上的物质被带到海湾内来堆积。如亲临海岸，便能发现基岩质

何文珊 摄

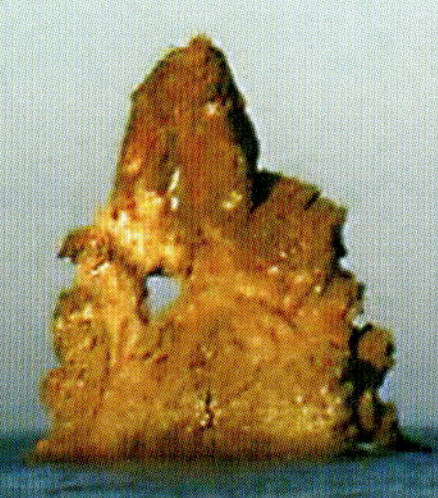

青岛石老人景点是一处非常生动的海蚀柱（何文珊摄）

海岸通常都非常陡峭，海水直逼崖壁，并且岬角附近常有形状各异的礁石。

海蚀是基岩海岸形成极其独特的地貌，当山地丘陵面临辽阔海域，波浪长期冲刷、侵蚀海岸能量集中的岸段，再加上石质海岸本身的风化作用及各部位的岩石性质、结构的不同，就会形成风格迥异的海蚀地貌。可见，其主要成因是经年累月的风、浪作用。当然，岩石本身的组成和性质也是生成海蚀地貌的内在因素。有的海岸向海一侧是陡峭的断崖，称海蚀崖，多见于岸坡较陡、波浪作用较强烈的岸段，尤其是在岬角和岛屿处最为广泛；有的海蚀崖前面有一个相对比较平坦的沙滩，称为海蚀滩；有的海蚀崖前面有一个相对比较平坦的石滩，称为海蚀平台；有的在岸边、海上竖立着孤独的石柱子或高耸岩体，称为海蚀柱，青岛的石老人景点就是一处非常生动的海蚀柱。此外，在海蚀崖、海蚀柱、岬角和海岸岩石的构造裂隙部位通常发育着海蚀洞穴等地貌形态。凡是基岩海岸的地方通常都可看到海蚀地貌，只有发育完全或不完全的区别。

我国自北向南都分布有基岩质海岸，北方如大连小平岛一带是我国基岩海岸侵蚀地貌最典型地段，海蚀崖最高可达 40 ~ 50m。海蚀柱似桅樯般地耸立于岸边，而海蚀洞穴晶莹地点缀其间。大洋河口至老鹰嘴和城头山至西子北角等岸段是辽宁基岩质海岸的主要分布区，其中，城头山至老铁山角以及长山群岛等近岸岛屿最为普遍。河北的基岩海岸很少，只是在北部北戴河、秦皇岛、老龙头一带有零星分布。山东的基岩海岸主要分布在山东半岛的东部和东南部。由于山地丘陵向海延伸，使得海蚀崖普遍，岩滩上散布着碎石和巨砾。尤其是岬角处海蚀特别强烈，岸滩崎岖，岸边冲刷槽发育。海蚀使岸线后退，造成海蚀平台上发育砾石滩；而海蚀柱则残留于海中。江苏的基岩海岸较少，只分布在连云港市的西墅至大板之间，岸线仅长 30km，已开辟为深水港。上海的大陆海岸线均为淤泥质潮滩湿地，无基岩质海岸。浙江的基岩质海岸分布在镇海角以南，基岩海岸较长，为 748km（不含岛屿），占浙江大陆海岸线的 42%；基岩岬角处海蚀地貌相当发育，海蚀平台宽度大小不一。福建的基岩海岸约 621km（不含岛屿），占福建大陆海岸线的 20%。在闽江口北，主要分布在南镇至古雷、宫口等半岛的山地丘陵地带；而在闽江口南则以围头半岛较为广泛。广东的基岩质海岸主要分布在珠江三角洲东西两侧，如深圳东侧的大亚湾、大鹏湾；西侧的广海湾至镇海湾和海陵山湾。其中大亚湾、大明岛湾及香港一带是华南著名的山地港湾基岩海岸。在广西，基岩海岸主要分布于大风江以西至珍珠港一带，以及北海冠头岭、钦州龙门、白龙半岛和犀牛脚等地。海南、香港、澳门和台湾为沿海海岛，具有丰富的基岩质海岸分布。

位于南麂列岛的海蚀崖（何文珊摄）

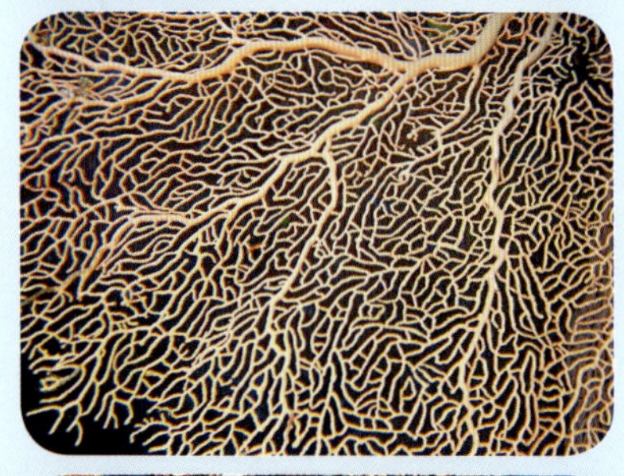

海底美丽的珊瑚礁也是许多鱼类的栖息场所

5. 珊瑚礁 珊瑚礁是一类生物海岸类型，由珊瑚虫的遗骸夹杂其他各种造礁（如钙质藻类等）和附礁（如软体动物、软珊瑚、海葵和有孔虫等）生物遗体，经过地质年代的作用积累形成的，其成分基本为碳酸钙。

形成珊瑚礁的珊瑚被统称为造礁珊瑚。造礁珊瑚均为热带浅水底栖生物，与虫黄藻共生，进行钙化，一般附着于基岩或其他硬底，生活在水温 20 ~ 30℃的温暖而清洁的海底。造礁珊湖生长发育最适宜水温是 23 ~ 27℃。大多数造礁珊瑚营群体生活，群体中的每个个体都很小，一般直径为 1 ~ 3mm，单个个体的结构与海葵相似。我国造礁珊瑚约有 300 种。珊瑚生长率每年以厘米计。一般条件下，块状珊瑚每年增长仅 0.5 ~ 2mm（厚度），枝状珊瑚能长 10 ~ 20cm，是生长率最高的种类。无数的珊瑚虫不断地生长、繁殖、死亡、堆积，经过很长的时间才长成我们所看到的海底珊瑚群丛。当它们与造礁和附礁生物遗体相堆积，经过地质年代的作用，才能在海洋中形成礁石、岛屿。许多珊瑚礁从其生成起，及至如今仍存留在海底或沿岸，不断发育。

我国的现代珊瑚礁主要分布在北回归线以南的北部湾海岛、雷州半岛与海南岛的周边海域，台湾岛南端以及南海诸岛，以南海诸岛的珊瑚岛礁为多。台湾海峡、台湾岛东岸与东北部虽位于北回归线以北，但受黑潮的影响，也生长珊瑚并成岸礁。华南大陆不少岸段零星生长着活珊瑚，丛生的很少，聚成岸礁者仅见于大陆南端的雷州半岛灯楼角岬角东西两侧，沿岸离岛的岸礁仅见于北部湾的涠洲岛和斜阳岛。总的来说，大陆沿岸的分布数量极少。中国西沙、南沙群岛的珊瑚礁发育较好，海南岛、台湾岛的珊瑚礁因水温的季节间变化较大，成礁缓慢，被称为“高纬度珊蝴礁”。

珊瑚礁类型丰富，可细分为岸礁（裾礁）、堡礁（离岸礁）、环礁、台礁、塔礁、点礁和礁滩等多个种类。岸礁是紧靠海岸，与陆地之间局部或有一浅窄的礁塘，为我国常见的珊瑚礁形态。堡礁和岸礁一样，其基底与大陆相连，但环绕在离岸更远的外围，与海岸间隔着一个较宽阔的大陆架浅海、海峡、水道或泻湖，会包括许多次级的台礁和环礁。环礁是呈马蹄形或环形的珊瑚礁，中间围有泻湖，如永暑礁。台礁呈实心似圆形或椭圆形，中间无泻湖，或泻湖已淤积为浅水洼塘，如华阳礁。塔礁是兀立于深海、大陆坡上的细高礁体。点礁则是泻湖中孤立的小礁体。礁滩是匍匐在大陆架浅海海底的丘状珊瑚礁，如曾母暗沙。在东海南部和南海沿岸有岸礁外，南海诸岛多数为环礁。

珊瑚礁地貌也随着形态不同而有很大的差异，并构成了复杂的珊瑚礁生态系统。一级地貌有礁坪、礁外坡、泻湖和礁坪上堆积而成的灰沙岛等，次级地貌有潮汐通道、溶沟、洞穴和暗礁等，灰沙岛又可呈现海滩、沙堤、沙丘、沙席和洼地等不同地貌。鱼类、无脊椎底栖动物、藻类都能在珊瑚礁里找到各自的生态位，甚至营共生生活，因此珊瑚礁生态系统是海洋中生产力水平最高、生物多样性最高的生态系统之一，被称为“热带海洋沙漠中的绿洲”、“海洋中的热带雨林”。

珊瑚礁面积大的可超过 $100km^2$，小的则不足 $1km^2$。厚度也甚悬殊。一般岸礁厚仅几米至十几米，多是冰后期海侵和大陆岸线轮廓定下来后形成的，年龄距今约 8ka（如雷州半岛和海南岛的岸礁）；一般海中的岛礁厚逾百米、上千米，形成于更新世乃至古、新近纪。我国海洋珊瑚礁体中，最大、最厚和最老的是南沙群岛礼乐滩水下环礁，面积约 $9400km^2$，厚 2160m，是距今 2700ka 的晚渐新世以来发育的。

南沙群岛是我国最大的珊瑚礁分布海域，其珊瑚礁隶属于印度—太平洋区系，以环礁为主，无岸礁和堡礁。南沙群岛共有 113 座礁体，沉没的环礁（或台礁及其他水下礁体）62 座，51 座干出的环礁（或台礁）中有植被的有 13 座，裸露小沙洲或小砾洲 11 座，总面积不足 $1.7km^2$，而在我国另一个重要的珊瑚礁分布区西沙群岛，则有近 30 座裸露小沙洲或小砾洲，总面积达 $7.1659km^2$。另外，南沙也未见红树林滩的存在，通常应在礁坪的下风区的潮间带会发育红树林，尤其是有淤泥质潮间带发育的地方，如海南岛的冯家海岸、新村港局部、新盈海岸等都有类似的红树林分布。与西沙群岛相比，南沙也未见灰岩岛，西沙中的石岛就是这类岛屿，是由晚更新世初期沉积（风积）后胶结成岩的石灰岛，由钙质生物屑沙丘岩组成。

除南沙群岛外，西沙群岛、东沙群岛、中沙群岛共有环礁 15 座，其中沉没环礁 3 座。据粗略估算，南海诸岛珊瑚礁总面积约 $30\,000km^2$，其中约 5/6 为沉没型或水下型珊瑚礁体（最大的礼乐滩大环礁和中沙大环礁，面积分别为 $7000km^2$ 和 $6900km^2$），约 1/6 为大潮低潮时可部分出露的干出礁型，为 63 座。干出礁总面积为 $5286.5km^2$（包括泻湖区面积，其中最大的环礁为南沙群岛的九章群礁和郑和群礁，面积分别为 $619km^2$ 和 $615km^2$；最小的如南通礁仅为 $1.2km^2$），其中大潮低潮基本出露的礁坪总面积为 907.1km2，高潮时也能出露的 48 个沙洲和岛屿总面积为 $11.41km^2$（其中西沙群岛约 $8km^2$，东沙群岛和南沙群岛各约 $2km^2$）。这种沉没型珊瑚礁分布广泛，岛屿和沙洲规模小且分布零星，是我国南海诸岛（尤其是南沙群岛）珊瑚礁地貌的一大特色。

南海是我国的国土，海洋中的任何岛屿、礁坪、暗礁都是体现国土权属的载体，对珊瑚礁的研究和管理则是我国南海海洋管理中的重要工作。目前，我国已经在南海珊瑚礁建设了飞机场等建筑群，并依附现有岛礁建立人工岛，最典型的就是 1988 年在永暑礁西南礁坪上建人工岛，做海洋观测站，实时收集水文气象资料，该站也是全球海平面变化观测的第 74 站。

6. 海草床 海草是一种在浅海生活的开花的草本高等植物。海草能生长于世界大部分的浅海泥沙底的海岸及河口地区，通常在沿海朝下带形成广大的海草场。尽管它的重要性可与红树林及珊瑚礁相提并论，但是海草场往往是被人忽视的重要海洋生境。海草的分布可以由热带地区延伸至温带寒冷的地方，可以自由地生长于红树林及珊瑚礁中间。

南麂列岛（陈水华摄）

中国海草的种类根据地理分布可以分为3个类群，①分布在热带地区的种类有海菖蒲 *Enhalus acoroides*、泰来藻 *Thalassia hemprichii* 和丝粉藻 *Cymodocea rotunda*；还有泛热带—亚热带分布的喜盐草 *Halophila ovalis*、小喜盐藻 *Halophila minor*、贝克喜盐藻 *Halophila beccarii*、二药藻 *Halodule uninervis*、羽叶二药藻 *Halodule pinifolia*、全楔草 *Thalassodendron ciliatum*。热带类群一般见于我国的海南岛、西沙群岛。②亚热带的种类只有1种，即针叶藻 *Syringodium isoetifolium*，仅分布于广西。③分布于温带的种类有大叶藻 *Zostera marina*、丛生大叶藻 *Zostera caespitosa* 和红纤维虾海藻 *Phyllospadix iwatensis* 等。

我国热带亚热带自然分布的海草消亡非常迅速，除广西、海南还有一些片状分布外，其他地方很难觅其踪影，被破坏的主要原因是围垦、挖沙虫、拦网、电鱼、密集养殖等。

海草场的重要生态意义可体现在以下几个方面：

（1）海草通过光合作用，补充海水中的氧气，去除二氧化碳。通过其新陈代谢可以吸收利用海水中的氮、磷等营养盐，降解有毒有机化合物，分子化离子态的重金属，从而净化水体。

（2）密布的海草及其附生植物通过减缓水流使大量浮沙沉积，并且丛生的根茎体系可稳定沉积物，防止底沙上悬，浑浊水体。

（3）海草场是浅海水体食物网的重要基础，具备较高生产力支持次级生产。对亚热带的泰来藻种群以及北温带和北极大叶藻群落而言，海草种群的现存量可能超过1000g 干重 /m^2，其峰值生物量一般超过100g 干重 /m^2。日生产力在1～15gC/m^2 范围内变动。年生产率在热带和亚热带地区最高，如我国热带的泰来藻年生产力为500～1500gC/m^2，而在同一区域红树林的年生产力是250～400gC/m^2。在我国的山东沿海，虾形藻的平均生物量达1852g/m^2，大叶藻的平均生物量为1500g/m^2，丛生大叶藻为1150g/m^2。海草不仅可被一些动物如儒艮、绿海龟、海胆及一些鱼类直接取食和利用，同时叶面上可附生一些海藻和小型滤食动物，如苔藓虫、海绵、水螅虫等，形成完整的生态系统。更为重要的是海草为许多经济鱼类、海鞘类和一些软体动物提供产卵和育幼场所。

（4）死亡后的海草仍具有很重要的价值，它是复杂的海洋腐生食物链形成的基础。细菌分解海草腐殖质，释放出氮、磷等营养元素，溶解于水中被海草和浮游生物重新利用，而浮游植物和浮游动物又是幼虾、鱼类及其他滤食性动物的食物来源。

自然湿地边的鱼塘也能成为鸟类的栖息地
（摄于崇明东滩鸟类自然保护区西侧堤内蟹塘）

随着人类活动的加剧，陆地生态系统遭到了严重的破坏，而一直被认为较为稳定的海洋生态系统也在发生重大的变化。如在20世纪里，大叶藻这种广泛分布的海草在其原分布区域内大量消失，使原先在海草床保护下存在的砂质海滩逐渐被岩石岸滩所代替；鱼类因海草场的破坏逐渐消失，渔业生产也因此受到了影响。如果说这些大叶藻的丧失是自然产生的，而近年来近海底拖网作业、围海养殖及一些挖沙蚕、炸鱼等人类活动，也开始直接导致海草场的退化。海草群落的退化又影响到与之相连的生态系统。最近许多实例表明，对海草种群的破坏直接导致了海洋和海岸生物栖息地的丧失，并导致近海渔场的衰落，浅海水域生物多样性下降，珍稀海洋生物消失（如以海草为食的我国一级重点保护海洋哺乳动物儒艮已濒于灭绝）。

7. 人工湿地 滨海地区的人工湿地以水库、鱼塘、与生态恢复或重建的湿地为主，是一类主要由人为加入的辅助能来驱动的湿地生态系统，从建设的目的看，通常是为了提高经济物种的生物量或提高生物多样性，或增强湿地的某一个生态服务功能，如水质净化功能。人工湿地的水文特征虽然保留了感潮或水淹等湿地特征，但是与周边的自然湿地相比，已经有了显著的区别。

鱼塘是滨海地区最为常见的人工湿地，大部分鱼塘或是建在海堤以内，或是建在海滩边的沙堤后。为了维持养殖生产的稳定性，已经基本不受潮汐的影响了。鱼塘换水多通过水泵提水或是通过潮汐通道来引水。在浙江、上海、江苏等地的滨海鱼塘内，芦苇等潮滩植物仍然得到保留，鱼塘以粗放经营的模式进行管理，有些鱼塘还会在大潮汛期间通过高涨的潮水换水且补充鱼苗。这样的鱼塘除了渔业生产外，有时也会成为高潮期间滨海湿地鸟类的栖息地。以崇明东滩鸟类自然保护区为例，邻近98大堤的蟹塘是观鸟爱好者经常光顾的好地方，除了冬季的野鸭群外，近年来每年都能观察到珍稀物种黑脸琵鹭 *Platalea minor* 在其中栖息。

在南方沿海，尤其是砂质海岸上，普遍筑有虾塘、鱼塘，有的建在沙堤内侧，有的则占据了相当面积的泻湖。所采用的经营方式较为集约化，人工投饵的密度更高，普遍装有曝气装置。对于建在沙堤上的鱼塘，换水时依赖水泵提水引入的海水；对于建在泻湖里的鱼塘，则完全依赖泻湖与海洋的水体交换。我国沿海红树林的破坏很大一个原因就是滨海鱼塘的挖掘。泻湖原本是红树林分布的主要区域，但是，为了扩大养殖面积，沿岸的红树林往往被砍伐殆尽。

香港米埔湿地内的基围已经成为观鸟的好地方（章克家）

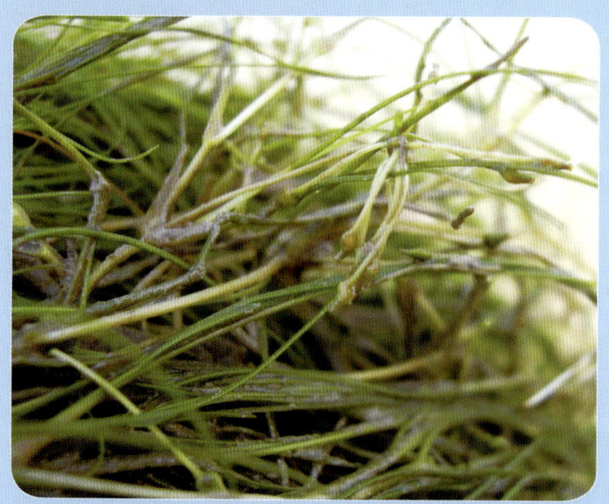

川蔓藻通常以单种群落存在于盐度较高的滨海咸水湖泊中（刘文亮摄）

由于频繁的人类活动以及红树林丧失等原因，这类鱼塘难以成为适宜的鸟类栖息地，虽然具有高产出，但是其生态效益却是非常低的，在抵抗病虫害的影响方面也很脆弱。

基围是珠江口地区的传统渔业生产模式，已有数百年的历史，其原理与集约化养殖的鱼塘完全不同。基围就是在红树林边用围堤围出的池塘，但是在近海一侧筑有水闸，当秋冬季涨潮时，闸门放开，任由海水中的有机物质和鱼苗、虾苗虽潮水进入基围，并为基围补充新鲜海水。因此基围的生产力与周边水域的自然生产力有关。基围的饵料来源除了涨潮潮水中的碎屑物外，还有就是其周边红树林的凋落物。主要用以养虾，但也会有鱼类、贝类、藻类等其他渔产品，原来潮滩上的植被如莎草草丛、禾草草丛等都会得到保留。由于基围基本保持了原有的湿地景观，并且水生生物群落的单位面积生物量高于周边水域，因此，基围往往也是较理想的涉禽栖息地，尤其是在收获、晒塘的时候。基围一度在珠江口非常普遍，仅香港后海湾，20 世纪 60 年代的基围面积即超过 800hm^2。随着沿海快速城市化的过程，以及自然海域普遍的水体污染，自然水体中的鱼卵、仔鱼数量锐减，为了谋求更高的投资回报率，渔民逐渐放弃基围模式，改用更加集约化的养殖模式，至 80 年代，基围用地仅余 208hm^2。至 20 世纪末，香港后海湾的基围鱼塘已经全部消失，目前，仅在米埔湿地保留了若干基围，但也以维持生物多样性和保留传统农业模式为目的。

除了渔业生产外，在围垦、晒盐过程中，也会产生一些人工湿地，以盐生草甸和浅水的咸水湖（池塘）为主。

随着围垦技术的不断发展，传统的潮上带围垦已经转变为潮间带围垦，如长江口湿地，芦苇是传统围垦的指示物种，即成片的芦苇群落代表了可围垦的土地，高程在 2.8m 以上，无潮水覆盖的时间显著长于海三棱藨草群落。现在通过石方工程和混凝土工程，已经能够在高程较低的海三棱藨草群落外带围垦，因此，围垦后形成的土地在初期仍然保持了水成土、盐碱化、湿地植被等滨海湿地的特征，如果不急于开垦，而是挖掘排水沟，让该湿地经历自然淡化的过程，则该围垦土地能在堤外滩涂淤涨的过程中，成为高潮期间涉禽、水禽的避潮区和栖息地。

在滨海地区还有一些废弃盐田和圈围咸水湖也是一类人工湿地。这类湿地往往具有稳定的水深和较高的盐度，尤其在我国北方海岸带上有较多的分布。但是，适应咸水水生环境的植物种类比较简单，常见的有川蔓藻 *Ruppia maritima*，在江苏沿海和长江口均有分布，在我国的最南端记录是在西沙群岛。

随着水体盐度不断下降，川蔓藻将逐渐被淡水水生植被所替代，典型水生植被演替序列为川蔓藻群落→狐尾藻群落→金鱼藻群落→菹草群落。如果不及时打捞清淤的话，这些沉水植物会逐步淤塞池塘，促使水域向沼泽化的方向发展，从而被芦苇、香蒲等湿生植物所侵占。

8. 海岛 上述的各类滨海湿地除了分布在大陆边缘外，也有在海岛分布的。海岛就是四周被海水包围、高潮时露出海面的陆地。我国的海岸线外的岛屿星罗棋布，仅面积 500km^2 以上的岛屿就有 6900 个，岛屿海岸线长达 14 000km，总面积 80 000km^2 以上，是一个海岛资源丰富的国家。除了台湾岛、海南岛和崇明岛等面积较大的已开发岛屿外，许多岛屿或沿海岸带分布，或是相对集中分布，形成群岛 / 列岛，如南海诸岛中的东沙群岛、西沙群岛、中沙群岛和南沙群岛，以及杭州湾外的舟山群岛等。

海岛的形成也很复杂，可分为大陆岛、海洋岛和冲积岛三大部分。

*大陆岛*是大陆地块延伸到海底并露出海面形成的岛屿，地壳沉降或海平面上升是导致它们与大陆分离的最主要因素，我国约 93% 的海岛都属于这种类型。

*海洋岛*是与大陆没有直接关系的岛屿，可细分为火山岛和珊瑚岛两类。火山岛是海底火山喷发出的岩浆物质堆积并露出海面所形成，一般面积不大，坡度较陡，如澎湖列岛就是第四纪初期火山喷发形成的群状火山岛。珊瑚岛是由海洋中造礁珊瑚的钙质遗骸和石灰藻类生物遗骸堆积形成的，其基底往往是海底火山或岩石基底，岛上地势平坦，以珊瑚砂为底质。我国的火山岛均分布在台湾省海域，数量较少，约占全国海岛总数的 0.1%，这类岛屿往往具有国土划界上的重要意义，附近海域中也蕴藏着丰富的海洋油气资源。珊瑚岛只分布在北纬 30° 以南的热带和亚热带海域，即海南、广东、台湾 3 省，并且一半分布在台湾省。我国珊瑚岛约占全国海岛总数 1.6%。

*冲积岛*位于江河入海口，由径流携带泥沙堆积形成。冲积岛一般地势低平，形成和消亡的过程都较迅速。如河北省的蛤坨岛在 10 年里缩小了近 1/3 的面积，并已分裂为 4 个岛；而上海的崇明岛却在日夜长大，是我国的第一大冲积岛。2005 年批准为国家级自然保护区的崇明东滩鸟类自然保护区就是完全建立在 1998 年以后淤涨起来的滩涂上，面积达 15 043hm^2。

海岛在我国各处的叫法不一致，在长江口以北，一般都称为岛，如葫芦岛等；到长江口以南，除了岛这个称谓外，还有不少具有地方特色的称呼——浙江省多称为山，如金鸡山、大洋山、小洋山等；福建省和台湾省多称为屿，如鼓浪屿；广东省用礁、沙、洲等来称呼，如雷州尾礁、海公沙、鸡公洲等；广西多称为墩，如高墩、青墩等；海南多称之为石、角，如担石，土羊角等。

虽然有的海岛面积很小，没有淡水供应，也无人居住，并且交通不便，但是，它们都属于我国重要的滨海湿地资源，其生态效益往往因为较少受到人为干扰而得到很好的保护。比如，大连庄河市石城乡的形人砣子只是黄海里一个 0.3km^2 的小石头岛，但是，它却是我国大陆惟一的黑脸琵鹭繁殖地，并且每年夏季都有近百种、2000 余只海鸟在岛上繁衍生息。随着我国国界划分、海洋资源开发的不断进行，应该在开发和保护中对它们给予足够的重视。

浙江象山沿海（陈水华摄）

滨海湿地的环境净化功能

湿地对污染物的净化功能已经在世界上得到了普遍认同，因而具有“地球之肾”的称谓。

湿地通过沉淀、吸附、分解、转化、吸收污染物的生态机制，使潜在的污染物转化为可被生态系统某个生物组分利用的资源。它提供了处理污染的天然空间，正常条件下，湿地具有去除湿地水流中有机营养物、无机营养物、有毒污染物和悬浮物的功能，该过程中既有物理的作用，也有化学和生物的作用。

1. 物理净化　物理净化主要是湿地的过滤、沉积和吸附作用。

湿地具有减缓水流的作用，水流进入湿地后，速度明显降低，有利于水中营养物质和悬浮物的沉降，这种沉降与有毒物质的排除密切相关，因为有毒物质往往附着在沉积物颗粒上。湿地的这种物理净化功能有限，不能仅仅依靠它来缓解过量的沉积物、有机物和有毒物，最好是确保流域内土地利用方式尽可能少地向下游排放这些物质。此外，湿地的面积也对净化功能具有重要意义，大面积湿地可以直接吸附空气中的浮尘、细菌和有害气体，与降水、径流带来的尘土及有害物质一起沉滞于基质，从而起到净化空气的作用。

滨海湿地水动力条件比较强烈，有利于污染物在水体中发生推移迁移，因而利于近岸水体中污染物的稀释和扩散。悬沙沉淀对滨海湿地水体的净化作用也非常重要，悬沙能吸附大量的污染物，如重金属和有机物。

2. 化学净化　滨海湿地在咸淡水交汇作用之后，由于物理化学条件的改变，将发生一系列的化学反应，使可溶态的物质变成颗粒态的物质，形成新生相物质，降低了污染物的活性，从而使水体得到净化。具体来说，吸附于湿地孔隙中的有机微生物提供酸性环境，转化和降解水中的重金属；磷随钙、铁、铝的化合物沉淀，吸附于土壤或被植物吸收；有毒物质通化氧化、沉淀等过程被去除。

水体中的悬沙对污染物的吸附和凝聚在滨海湿地的化学净化中起主导作用，包括水体悬沙对污染物的吸附凝聚及污染物在水相、悬浮物——水界面间所发生的氧化还原反应、酸碱反应、分解化合反应等。

海　滩（何文珊摄）

芦苇具有很高的环境净化功能（章克家摄）

在奉贤边滩上的上海国际化学工业园区内，有一片用于水质净化的人工湿地，芦苇是其中的重要物种。从该人工湿地流出的水可重新成为化工区的工业用水（何文珊摄）

3. 生物净化 生物作用包括微生物作用和植物作用，前者是指湿地土壤和根际土壤中的微生物如细菌对污染物的降解作用，如湿地中的反硝化细菌可有效去除氮，减少环境水质富营养化威胁；后者是指大型植物如芦苇、香蒲以及藻类在生长过程中从污水中汲取营养物质的作用，从而使污水净化。流经湿地的营养物质被植物有效吸收，或者积累在沉积物之中，通过物质循环被众多的次级生产者所利用，并传递给更高食物链等级以上的消费者。此外，一些湿地植物如芦苇、水葫芦等还可以有效地吸收有毒物质。生物作用是湿地环境净化功能的主要方式。

滨海湿地植被、微生物、浮游生物、底栖生物和一些鱼类组成生物群落，对近岸水体的环境净化起非常重要的作用。食物链越长，或食物网越复杂，其净化功能也就越显著。氮、磷等营养盐可被各级生物所利用，因此不会对生物造成伤害，而重金属大多受到螯合作用形成生物难以利用的形态，暂时脱离食物链的传递过程，但是，有些重金属如有机汞，以及许多难降解的有机化合物，具有脂溶特性，可通过食物链逐级放大，直至对高营养级的生物产生毒害。由此可见，滨海湿地的环境净化功能并不是可以无限制加以利用的。

上述的 3 个过程通常就是交互发生的。研究表明，城市污水在 3 ~ 5 小时内流过 207.2hm^2 的半咸水沼泽湿地后，生化需氧量（BOD）减少 57%，硝酸盐减少 63%，磷减少 57%。因此，滨海湿地作为废弃污染物的接收、净化器，对近海的生态环境保护起着非常重要的作用。根据计算，长江口湿地净化水体价值为 3.41 亿元 / 年，而盘锦苇田对污水的净化功能价值为 9078 万元 / 年，极大缓解了附近多家造纸厂的污水排放带来的环境影响。近海海域出现赤潮的主要原因就是由于水体营养物质过剩而导致藻类种群的爆发。充分利用湿地的净化功能，也利于减轻近海水体的污染，防止海水富营养化现象的发生。

湿地以复杂而微妙的方式扮演着自然净化器的角色，显示了地球生态系统的严谨、完善和神奇。

与人类息息相关的滨海湿地

高原沼泽大多人迹罕至，属于生物的王国。而滨水湿地则是人们逐水而居、改造自然的田园，那滨海湿地就是人敬畏自然、且不得不与之和谐相处的地方。这种敬畏最初来自人们对海洋的无知。如今，由于全球变化在海岸带的一系列反映，如何可持续地开发滨海湿地重新成为沿海地区人们不得不面对的问题。

滨海湿地作为一个明确的概念，所存在的时间并不长，因为湿地本身就是在近100年里出现的概念。但是，人们对滨海湿地的利用却是源远流长。纵观历史，“逐水而居”造就了我国辉煌的流域文明，也推动了人们对滨海湿地的开发和利用，虽然滨海湿地在文明发展的历史上并无流域那么受到注目，但是，从历史记载中仍然能够感受到滨海地区长期以来都是我国“财赋之区”的地位，以及中国古代劳动人民在劳动、生产和对自然规律探索中的创造力和坚韧的毅力，看到了滨海湿地与人类的生存息息相关。

海　钓（何文珊摄）

渔 业

“滨海之民，以海为生，采捕鱼虾”。渔业始终是沿海人民最重要的行业之一。“渔盐之利”是先民对滨海最初也是最持久的认识。从沿海地区考古所发现的贝丘遗址看，新石器时代的人们已经能够通过徒手或简单工具拣拾贝类，在大量食用海贝之后，留下了成片的贝壳带或贝壳堆，即形成所谓的贝丘遗址，在我国自北向南都有分布。最早在辽东半岛沿海的芦家屯和山东半岛黄县龙口附近有所发现，后在辽宁的长山群岛、台湾的金门岛、广东的潮安、广西的东兴、海南的陵水等处都有所发现。贝丘中的贝壳种类不仅因为地区而有所不同，而且在单个贝丘内都会呈现较为丰富的贝壳多样性，可见，当时的人们已经懂得采集各种贝类来食用了。

与内陆人们不同的是，生活在滨海地区的人们更多地从渔产品中获得蛋白质，而非豢养家禽家畜，因此，他们所发展的不是狩猎技术，而是航海技术与捕捞技术。大约在春秋时期，沿海人民已经能够制造小渔船，进行捕捞活动，并且活动范围除了在水深6m的滨海湿地，还向外延伸到近海部分，渔获种类不断增加，如“鲛”（鲨鱼）、“比目之鱼”（鲆、鲽科鱼）、“石首鱼”（黄花鱼）等。由此可见，在河口区与滨海湿地范围内的捕捞技术已经相当发达了。

秦始皇统一中国之后，航海技术和捕捞技术都得到了迅速的发展，人们在潮汐成因、海洋鱼类、海洋植物等各个方面都逐渐有所了解，对鲥、鲚等洄游鱼类的生活史也已经明确，这些都极大地促进了沿海渔业经济的发展。

唐宋时期的近海捕捞愈加广泛。但是，滨海湿地上的捕捞技术还是非常简单的，现称为竹沪渔具。它是使用竹竿插在潮间带上，围成方形，最大的22～

由于鳗鲡的人工繁殖技术尚未成熟，鳗苗已经成为河口的“软黄金”，长江口每年都能形成捕鳗大军（何文珊摄）

25m 见方，小的有 10 ~ 12m 见方，沪内有数行水道，使鱼在涨潮时有所集中。待潮水退后，渔民就进到沪里面去拾捕，其原理与现在的插网相类似。

除了竹沪外，也有砌石而成的沪。沪在我国沿海地区被广泛采用。上海简称“沪”，究其渊源，就是以前在吴淞江入海口处，沿海渔民用竹沪捕捉鱼蟹十分普遍，而江河入海处又称为“渎”，因此吴淞江被称作“沪渎”，后再逐渐简称为“沪”的。据《静安寺记》载，三国吴赤乌（238 ~ 250）年间建寺时，原名为“沪渎重玄寺”。沪这种渔业方式一直沿用至今。在福建被称作半流慍。而目前在我国沿海淤泥质滩涂上普遍使用的插网，其采用的原理也与沪相同。

明清时期的渔业活动由于政府旨在抵御倭寇和海盗的海禁令而受到极大限制。由于捕鱼几乎是渔民惟一熟悉的生活方式，一旦无法下海捕鱼，他们的生计就会面临很大困难。因为沿海驻防官兵需要开支，政府曾把禁渔令限制在禁远洋采捕和禁私造船只下海采捕上，让近海渔民捕鱼合法化，向他们征收渔税或部分所得供给军需。这就极大刺激了当时在滨海湿地的各类渔业活动。渔民们既想得到更多的生产资源又不想违抗政府的禁令，就纷纷发展了滩涂养殖业。如福建泉州陈埭是“以海为田”的渔村，“在明末清初，该村用于养蛏的海荡多达二千余亩”。

随着人们在滨海湿地范围的活动更加频繁，对客观事务的认识也更加深入和广泛。尤其是对于鳆鱼（鲍鱼）、江珧柱、海参、鱼翅、西施舌等珍贵海产品都有非常丰富的文献记载它们的生境、捕捞方式和料理方法。渔民不断总结鲻鱼、鳗鱼、河鲀等一些在河口和近海常见鱼类的生活史和渔汛资料等。对于一些经常在滨海地区出现的爬行动物如玳瑁、海龟等，都能了解到它们的生活史和习性，甚至有关于其养殖的文献记载。从宋朝的文献中还能看到人们在渔业生产中对各种海虾在形态、颜色、习性和生活环境等方面进行分类和命名，并且还有关于海带的描述。在那个时代，人们已经不再满足于在近海的滩涂上捕捞贝类了，而是发展了贝类养殖技术，对养殖方面的研究和认识也非常深入了。

渔产品是沿海居民最常见的食品，四季常有（何文珊摄）

明朝时，与海洋鱼类有关的著述有《闽中海错疏》、《异鱼图赞补》、《记海错》等，在《广

窄窄的滩涂上，密布的是令鱼儿难以逃脱的蜈蚣网（摄于杭州湾南岸滩涂）

藻类是目前已被广泛认可的健康食品之一，藻类养殖在沿海省份的海产品生产中占有重要的一席之地，并出口至东南亚等国

志绎》中，还有关于浙江渔场黄花鱼渔汛期间的捕捞等内容。福建福宁地区则已经开展了牡蛎的养殖生产。《鱼经》（明代，黄省曾）中说："鲻鱼。松之人于潮泥地凿池。仲春潮水中捕盈寸者养之。秋而盈尺。背腹皆腴。为池鱼之最。是食泥。与百药无忌。"可见，当时的沿海人民已经能够利用涨潮带来的鱼苗进行最初的养殖。在清朝《康熙字典》里记录海洋鱼类多达100多种，多为经济鱼类。

新中国建立以后，随着渔业生产的发展以及科学技术的进步，渔具不断更新，捕捞手段越来越先进。20世纪50～60年代，引进大围缯技术，提高渔获量。70年代，采用底拖网、灯光围网等先进技术，渔汛产量迅速提高。除了渔汛外，每年的鱼苗、蟹苗、鳗苗等幼体洄游进入近海水域时，就是当地渔业活动最活跃的时间。

技术的发展是推动渔业发展的最重要动力。除了渔具的不断发展外，一些辅助设施也不断改进和创新。运用半导体或声纳技术的探鱼器，运用全球定位技术的GPS和船只之间的无线通讯技术以及越来越发达的渔船用机具如起网机、挂机、起锚机、舵机等等，改变了单船摇橹的作业方式，显著提高了生产能力。而在滩涂上的捕捞方式依然以固定的网具和人工拣拾为主，只是渔网的孔径越来越小，渔具的密度也越来越高。

由于近海的捕捞密度越来越高，长期以来对渔业捕捞的管理落后于发展，加上近海水质由于入海污染物质不断增加而恶化，赤潮频发，使我国的近海渔业资源在近30年里有了极大的衰退，一些渔场甚至难以形成渔汛，经济鱼类种群萎缩。在这个情况下，国家渔政部门设立了休渔期，加大了对违法渔具的查处。但是，潮间带的捕捞活动并不在管理之列，而那里又恰恰是滨海湿地重要鸟类——涉禽的主要栖息地和觅食地，因此，如何在人与生物的需求之间取得平衡仍然需要做更加科学合理的规划。由于近海渔业资源短期内难以恢复，渔业资源的管理应该持续而长久。

除了捕捞外，养殖也是滨海湿地的重要渔业生产活动。我国已经成为世界上海水养殖规模最大的国家。滨海湿地的泻湖、滩涂、浅水水域等都能成为养殖区，主要养殖产品为鱼、虾、贝、藻四大类。20世纪60年代以来，以藻类养殖为主导，代表物种为海带；80年代以来，以虾类养殖为主导，代表物种为中国对虾；90年代以来以贝类养殖为主导，代表物种为海湾扇贝。近年来，增养殖的产量和经济收益越来越高。我国沿海地区现有潮间带滩涂面积约47万hm^2多，若加上20～30m等深线以内的港湾浅海，养殖浅海水域面积估计不少于133万hm^2。根据国家海洋局发布的《2004年中国海洋经济统计公报》，海水水产品总产量达2715万吨，其中海水养殖产量为1309万吨。除了在近海较深水下的人工鱼礁外，大部分都是在滨海湿地范围内的养殖产业。

我国现有海洋鱼类的养殖方式主要有网箱养殖、港温养殖、网围养殖、池塘养殖和近年兴起的陆上工厂化养殖。

1. 网箱养殖 我国海水网箱养鱼，始于20世纪70年代，现至少有25万余只的养殖规模，主要集中在广东、广西、海南、香港、福建、浙江等沿海地区，是近海的主要养殖方式。

2. 港温养殖 港温养殖在我国北方称港养，福建叫海埭养殖，华南沿海则习惯称鱼温养殖。港温养殖一般选址于潮差较大，地势平坦，附近水域鱼苗较多的海区。

3. 网围养殖 网围养殖是指在潮差较小、流水畅通、潮流不急的海港，从沿岸中潮线以下到浅水区的范围内，用木桩和网围成一个养殖区进行海鱼养殖，或在养殖区内再用网片分隔成较小水体进行养殖的一种养殖方式。

4. 池塘养殖 池塘养殖是指在小面积海水池塘内进行精养的一种养殖方式。一般在潮间带和潮上带人工修建土池，靠自然纳潮、机械提水或两者结合的方式进行水交换。

5. 工厂化养殖 工厂化养殖一般指利用现代科技的半自动化或全自动化的养殖系统，在小水体中进行高密度养殖的先进的无污染的商业化养殖方式，是高投入高产出的集约化养殖的一种高级形式。海水鱼类的工厂化养殖就是在潮上带建设水、电、暖配套的陆地室内养殖车间。

近年来，我国海水鱼的养殖种类已从传统的鲻鱼 *Mugil cephalus*、棱鲻 *Liza carinatus* 为主的少数几个种类发展到以鲷科 Sparidae spp. 鱼类、石斑鱼类 *Epinephlus* spp. 为主的肉食性优质鱼类50余种。

滨海湿地的渔业生产与所处生态系统类型密切相关。在北方，从堤内水库到堤外滩涂和浅海域均可用于养殖，范围非常广泛。堤内的鱼塘以鱼类、虾类养殖为主，堤外滩涂则以贝类养殖为主；浅水海域采用以表层养殖海带，中层吊养扇贝，底层养殖海参、海胆等的立体养殖方式；滩涂以盐沼生态系统为主，养殖的营养物质主要来源于海洋。在南方的滨海湿地，则发展了与红树林生态系统相应的“基围”(鱼塘)。

米埔湿地保留的传统基围，可通过水闸纳潮换水（何文珊摄）

盐 业

由于盐是不可或缺的关乎国计民生的物资，盐业在我国政治、经济发展的过程中一直占有非常重要的战略地位。海盐是盐业生产中的重要组成部分，与池盐、井盐相比，我国绵长的海岸线上孕育的海盐资源可谓取之不尽。

远古时期，有些生活在海边的部落就学会了晒海取盐。传说炎帝时，其宿少氏便已“初作海盐”，至商朝，已经学会熬海为盐。位于沿海地区的齐国利用其良好的地理位置，盐业资源非常丰富，齐桓公采纳管仲的建议，使盐务正式进入严格控制民间私晒私营的盐业专营制度。一些无法产盐的小国便因此在经济和政治上依赖齐国。即“兴鱼盐之利，齐以富强。”

盐业除了本身的社会、经济利益外，也推动了政府对沿海地区的管理。及至明清时期，沿海的滨海滩涂湿地都被纳入“荡地”的范畴，我国历史上很早就对各种形态的滨海湿地都有所记载了。在明清史料中，最常见的是：草荡（当时以蓄养柴草作为煮盐燃料的地方）、沙荡、海荡（修筑在海滩上的养殖场）、沙坦、荒坦、沙坵、涂（类似于现在所说的裸露光滩）、丘、埕（类似于现在的贝类养殖鱼塘）、蠔、屿等。当然，各地方言中还有更多关于荡地的称谓，如广东的“沙地”、“沙田”、“潮田”等，福建的“浦”、“峋”、“步”、“渚”、“埭”等，不胜枚举。并且各地的“新涨”、“坍没”也都有所记录。

海湾俯瞰（何文珊摄）

盐业的重要性也催促了海岸工程的发展。在盐业生产中，往往需要进行引潮工程，汲取潮水晒盐，但是，沿海地区又常遇风暴潮等自然灾害，因此，防潮工程就非常重要了。根据《淮安府志》记载，“淮南节度判官李承筑捍海堰，北起盐城，南抵海陵（今泰州）”，全长142里，“天圣初，范仲淹监西溪盐仓，力请发运史张纶叠石重筑，长百四十三里，阔三丈，高一丈五尺，始无海患，至今赖之。”“农子盐课，皆受其利”。从此以后，自然的海岸面貌就逐渐发生了巨大的变化，而筑坝挡潮、拦蓄海水、维护潮沟、道路与盐池建设在促进盐业发展的基础上，还逐渐衍生出其他对滨海湿地的开发和利用，如造地和水产养殖。

新中国建立后，沿海主要发展了长芦、山东、淮北等三大盐区，后调整为包括辽宁、天津、河北、山东、江苏的北方海盐区和包括浙江、福建、广东、广西、海南在内的南方海盐区，同时原盐和盐化工业都得到了持续快速的发展。直至1999年，我国海盐生产能力为2580万吨，居世界首位。这也是我们从滨海湿地获取的一笔重要财富，从产业的创建至今，盐业始终并将继续保持它在国民生计中的关键地位。

交通与城市化

宋朝时，人们利用所掌握的潮汐为海洋活动服务，如根据对潮涨潮落的了解，掌握船舶进港的难易、快慢；在海岸工程中也利用潮汐，如在入海河口处建造石桥时，利用潮汐将石梁顺利地安放在桥墩上。

海港码头也是典型的人工海岸。海港工程包括防波堤、港池、泊位、码头、货场、仓库、道路等，这就形成港口海岸，与原来的天然海岸完全不同。我国沿岸大小港口有数百个之多，港口工程海岸长度也有上百千米。钢筋水泥工程是港口海岸的典型特征。

沿海城市的崛起和发展与滨海地区的渔产、航运不无联系，尤其是在基岩质海岸。如今，我国的滨海城市如大连、秦皇岛、青岛、厦门、深圳、珠海等地都已成为旅游胜地，或被认为是最适宜居住的地方之一。

围海造地在我国有悠久的历史。滩涂淤涨在我国的大型河口地区是一个由于多沙多水所带来的客观事实。“沧海桑田”就是我国古代劳动人民对不断变化的海岸所作的生动概括。这种状况在基岩质海岸并不显著，但是在低海岸就格外明显了，许多岸段不仅改变了海岸的轮廓线，往往发生本质的变化，如从沙质海岸变成淤泥质海岸，

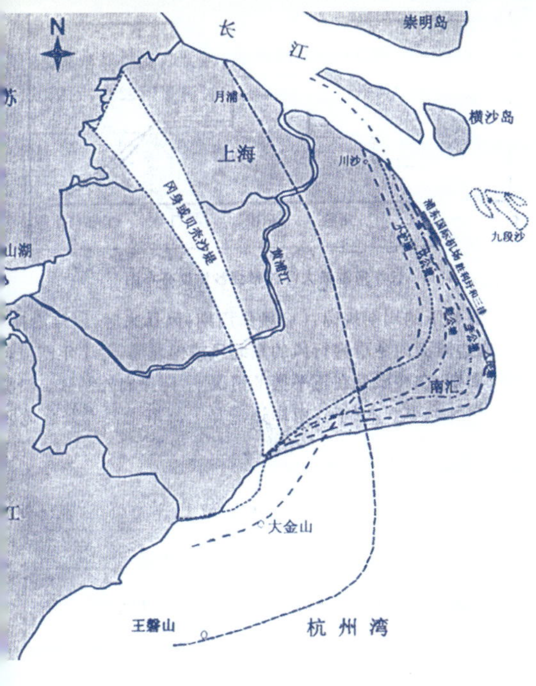

长江三角洲是一片从海水里新生出来的土地（仿自陈吉余，2000）

从波浪为动力的主导因素转变为以水流（特别是潮流）为主导的动力因素。自古代起，劳动人民就利用这样的变化不断扩大陆地范围，拓展生存的空间。以盐城为例，“唐宋之世，范堤本为海岸，明宣宗时，逾堤而东，已三十余里，明末，更五十里，迄清中叶，遂在百里以外”（民国《盐城县志》卷一）。而在钱塘江河口，“堤岸既成，乃为城邑聚落”（《咸淳临安志》）。钱塘江河口的鱼鳞大石塘一线200km也因自然条件艰苦，海塘修建难度大而成为我国海塘建设的代表工程。

新中国建立后，全国围垦海涂的面积达到66万hm^2多。围垦海涂就是在海涂的外缘修筑堤坝，把坝内的海水排干，并引淡水冲洗土中盐分，土中盐度逐渐降低，使其成为良田。随着围垦海涂大坝的建成，标志着新的海岸线诞生。为工业用地和城建用地而围海也要先修建拦海大坝，形成人工海岸。

蓝天碧海与红瓦绿树构成了青岛最具魅力的滨海风景线（何文珊摄）

旅　游

国务院于1982年、1988年、1994年、2002年和2004年先后公布了5批国家级风景名胜区，共177处，其中13处位于滨海湿地：

秦皇岛北戴河风景名胜区，浙江普陀山风景名胜区，青岛崂山风景名胜区（第一批国家重点风景名胜区，1982年审定公布）。

辽宁鸭绿江风景名胜区，金石滩风景名胜区，兴城海滨风景名胜区，大连海滨－旅顺口风景名胜区，江苏云台山风景名胜区，浙江嵊泗列岛风景名胜区，福建鼓浪屿－万石山风景名胜区，山东胶东半岛海滨风景名胜区（第二批国家级风景名胜区，1988年审定公布）。

福建省海坛风景名胜区，海南省三亚热带海滨风景名胜区（第三批国家重点风景名胜区，1994年1月10日审定公布）。

这些风景名胜区向游人展示了我国滨海湿地各种自然景观和人文景观，使人们在欣赏蓝天、碧海、绿树、飞鸟的秀美风景时，也舒缓了紧张的都市压力。从我国旅游业发展情况看，选择在滨海地区度假的游客越来越多，而滨海城市的旅游业也步入了黄金期。

滨海景观

越来越多的城市景观建设将海景纳入其中，为居民提供了凭海临风放松心情的场所（何文珊摄）

游艇是未来在滨海主要发展的水上娱乐（运动）之一（何文珊摄）

疍民是我国南方沿海舟居于海上的渔家，现在已经越来越少。新中国建立前，他们的生活非常艰苦，并且社会地位很低，即所谓“出海三分命，上岸低头行，生无立足所，死无葬身地”。现在有不少滨海地区的高档餐厅都以疍民生活为主题，让客人在舟楫上边欣赏海景，边享用海鲜风味。这样的餐厅应该格外注意对环境的保护，不能成为滨海的污染源（何文珊摄）

科学研究

古代中国的渔业生产是领先于世界的，并且推动了人们对自然现象、客观事物的思考和研究，所保留的文献也都是对当时渔业生产的如实记录与分析，这些理性的思考则反过来对渔业生产起了重要的推动作用。

在最早的《山海经》里，已经有了不少滨海动物记录，如：珧（江珧，现俗称带子）、芘嬴（紫贻贝、绶贝等）、嬴母（沼螺等）、文贝（宝贝等）、美贝（虎斑贝等）、黄贝（骨螺等）、大蟹（梭子蟹、蟳等），鱼类更是包括了现在滨海地区的中华鲟、以及常见的刀鲚、鳘条等。鸟类则记载了红尾水鸲、天鹅、翡翠、苇鳽、海鸥、鹈鹕、鸥、雁等。

在另一部古老的百科全书《尔雅》中，也能发现不少涉及滨海生物的记录，如《尔雅·释鱼》中，中华鲟、吻鰕虎鱼、狼鰕虎鱼（栉鰕虎鱼）、刀鲚、鳘条、鳗鲡、蛤蜊、绒螯蟹、寄居蟹、蛏、蚌、蚶、贝、螺等都有记载，并附以绘图。我国古代许多海洋鱼类的名字一直沿用至今，可见当时的分类和命名已经到了相当高的水平。

在滨海湿地上常见的弹涂鱼也受到了古人的注意。如《三才图会》（明代，王圻）中对弹涂鱼的形象描述："一名阑胡，形似小鳅而短，大者长三五寸，潮退千百为群，扬鬐跳掷海涂中，作穴而居，以其弹跳于涂云。"，又如《闽中海错疏》（明

《古今图书集成》中的滨海双壳类动物：它们的底埋方式和位置与自然现象非常吻合

中华鲟。据嘉庆六年（1801 年）《尔雅音图重刊影宋本》

古书绘图中的弹涂鱼的行为

代，屠本畯）中提到："弹涂大如拇指，生泥穴中，夜则骈音朝北，一名跳鱼。登物捷若猴然，故名泥猴。"都形象地描写了弹涂鱼的栖息生境、弹跳能力和穴居行为。

《闽中海错疏》是我国最早的动物水产志，它和《海味索引》、清朝胡世安的《异鱼图赞补》、郝懿行《记海错》等著作包揽了众多的滨海、海洋生物，尤其是各类经济动物都有非常详细的记载。洄游则是最受注意的鱼类行为之一，对鲻鱼、刀鲚、河鲀、鲥鱼、鳓鱼、鲟等鱼类在"咸淡之间"的洄游路线都有非常科学的记载，并且指导了当时的渔业捕捞活动。至清朝，《康熙字典》里记录的海鱼已达100多种，并且还记录了许多种类的形态和习性。

鸟类也是较早受到古人重视的在滨海湿地生活的动物。在《尔雅·释鸟》中，苍鹭、鹡鸰、鹈鹕、苇莺、黑水鸡、雁、鸭、池鹭、雨燕、鹬类、鹡鸰、白鹭、白鹳、黑鹳等许多种类的飞行姿势、幼鸟特征、求偶、繁殖与哺育行为等都有记载，成为后人加以辨种的依据。在《本草纲目》中，还能看到很多对于鸟类的描述，如"凫（指野鸭），东南江海湖泊中皆有之，数百为群，晨夜蔽天而飞，声如风雨，所至稻粱一空，肥而耐寒。"阐述了野鸭的分布、集群习性、越冬行为、与人类生活的关系等。

古代的人们很早就对滨海湿地的常见现象之一——潮汐有很强的好奇心和解释能力了。春秋战国时，《山海经》中记载了潮汐与月亮的关系。东汉王充在《论衡·书虚篇》里说，"涛之起也，随月盛衰"，这是有文字记载的第一次将潮汐现象同月球运动联系在一起。王充认为水者地之血脉，随气进退形成潮汐，因此，也将以他为代表的传统潮论称为元气自然论潮论。东晋葛洪用

中华绒螯蟹的洄游规律已经被应用于人工养殖，并且已经成为我国沿海地区的秋冬季常见珍馐

禹迹图。现藏于陕西省碑林博物馆

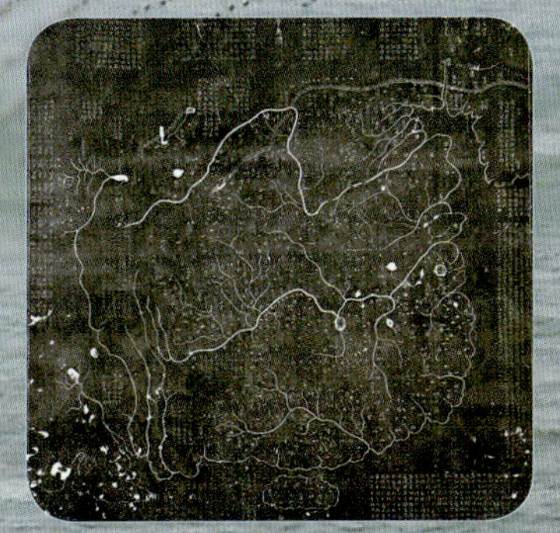

华夷图。现藏于陕西省碑林博物馆

海上养殖（付文珊摄）

对滨海湿地的研究之路艰辛而漫长（何文珊摄）

天地结构的模式来解释潮汐成因，引进了太阳起潮作用的概念，被称为天地结构潮论。唐朝潮汐学家窦叔蒙著有《海涛志》，在潮候计算和理论潮汐表制定方面作出了重要贡献。直至唐宋交替之际，我国古代潮汐学发展进入鼎盛时期。其中，《梦溪笔谈》是一部我国历史上非常重要的，涉猎广泛的地理学著作。沈括在《梦溪笔谈》中用潮汐和月亮在时刻上的对应“候之万万无差”的道理，强调月亮是潮汐形成的主要原因。除了潮汐形成原因探讨之外，他提出如现今的“潮候时差”问题，比西方早了约一个世纪。此外，沈括还通过亲自考察分析，提出海陆变迁原理，他说：“予奉使河北，边太行而北。山崖之间，往往衔蚌壳及石子如鸟卵者，横亘石壁如带，此乃昔之海滨。今东距海已千里，所谓大陆者皆为浊泥所湮耳。尧殛鲧于羽山，旧说在东海中，今乃在平陆”。

人们对潮汐等自然现象的认识已经广泛用于海洋渔业、桥梁制造和远洋航行等生产生活中。但是，人们对滨海地区自然现象理性思考的发展也开始放慢，得到增强的是对自然现象的描述能力。如南宋时代保留下来的《禹迹图》(1136)，绘法精密，以网格的方式绘制，其表达的海岸、河流位置近于实际，是我国现存最早的带有方格网的地图。同期还有《华夷图》(1136)，清晰标注了当时黄河、长江、珠江的入海位置，以及多条入海河流。

我国古代的科学技术在明、清时代受到“海禁”政策影响，失去了近代海洋调查的发展机会。与此同时，国际上的探索性海洋调查迅猛发展，在科技进步的同时，也加快了拓殖的步伐。随着国门在近代不断被敲开，我国的海洋研究受到越来越深的西方影响，近代科学改变了中国人认识自然的角度。这时，我国滨海湿地的物种开始逐步被发现整理，并根据林奈命名体系来命名。其中一位重要人物就是秉志。

20 世纪 20 ~ 30 年代，秉志对我国沿海动物区系进行了大量调查及分类与分布的研究，收集了大批标本（仅浙江沿海采集的标本就包括 8 门 22 纲，大小共 6000 件），鉴定了许多新种，积累了宝贵的资料，为开发我国沿海的动物资源奠定了基础。

我国近代在滨海地区做的工作大都以生物学调查为主，但研究零星而分散，涉及的内容较少，大都与渔业资源有关，这些为后来的研究提供了数据基础。

新中国建立以后，我国先后进行过苏北海岸带和长江口地质地貌调查、广东沿海地质地貌调查、福建省中段及南段海岸带调查、山海关及北戴河地区沉积相与海岸动态调查、华南沿海地质地貌调查、胶州湾周围地质构造调查、渤海湾海岸动力地貌调查等。

虽然那时没有“湿地”这个名词，但是在滨海湿地上开展的研究始终是海洋科学中的热点，也是海洋科学中发展最迅速的领域之一——与之相伴的长足发展的滨海湿地渔业、城市化建设与各种港口航道工程的实施。1980 ~ 1986年，国家海洋局实施了“全国海岸带和海涂资源综合调查及海岸带综合开发试验”，开启了沿海海洋开发热潮的序幕，制定了海岸带资源综合开发利用初步方案，为海岸带资源的合理保护和开发利用、国土整治、海岸带管理、沿海经济的高速发展提供了可靠的基础资料和科学依据，并掀起了沿海各地开发海洋滩涂资源的热潮。1988 ~ 1995 年，又组织实施了“全国海岛资源综合调查和海岛综合开发试验”。对全国岛屿的陆地及其周围 20 ~ 30m 以内海域进行了海洋水文等综合调查，全面掌握了我国乡级以上岛屿的陆域环境、资源和社会经济状况，并通过开发试验建立 6 个国家级开发试验区和一批省级开发试验区，为我国海岛的开发、保护和管理提供了科学依据。

我国正式引入“湿地”一词始于 1990 年出版的《中国湿地》一书，该书是我国第一部完整的湿地编目书籍，也是《亚洲湿地名录》中中国部分的成果汇总与增补，包括了我国的各个湿地类型，共计 217 块（其中 192 块被列入《亚洲湿地名录》），至今仍然具有重要的参考价值——书中记载的有些滨海湿地目前已经成为国家级自然保护区，而有些则几乎荡然无存。

之后，中国科学院、国家海洋局海洋研究所、各高等院校都积极加入了滨海湿地的研究，极大推动了滨海湿地科学的发展和保育，也吸引了越来越多的年轻人加入研究队伍。近年来创刊的《湿地科学》、《湿地科学与管理》等都反映了我国湿地科学的迅速发展。

20 世纪 60 年代初，中国科学院南海海洋研究所成立南海珊瑚和珊瑚礁研究的重要基地，研究范围从海南岛和华南大陆沿海逐步扩大到西沙群岛、中沙群岛和南沙群岛，多学科的珊瑚和珊瑚礁研究成为历次南海海洋综合调查的主要内容。1973 ~ 1978 年，中国科学院南海海洋研究所在南海开展了 11 个航次的调查，遍及西沙、中沙群岛，并穿过南沙群岛北侧海域，对那里的生物及岛礁做了详细的实测，获得了大批样品和标本。1977 年，珊瑚礁海岸被列为全国自然科学规划海岸河口学科 4 项研究重点之一。1984 年起，我国开始对最南疆的南沙群岛海域进行调查，到 1998 年已经完成了 22 个航次的综合及专业考察，获得了丰硕的成果。南海珊瑚和珊瑚礁研究涉及生物分类、群落生态、珊瑚礁地貌、珊瑚礁地质、珊瑚礁古环境等多种学科。当前研究的重点或正在开展的研究是珊瑚礁海岸生物地貌过程及其对环境变化的响应、珊瑚礁保护生态学和资源可持续发展、珊瑚高分辨率（年、月甚至周）古环境重建等。但是，我国的珊瑚礁研究与国际同行接轨较晚，我国大陆于 2000 年首次加入全球珊瑚礁考察。

南麂列岛（陈水华摄）

滨海湿地的生物多样性

滨海湿地是在陆地和海洋之间形成的宽阔的生态交错带，这里支持着丰富的生物多样性。除了那些常见于滨海湿地的生物外，还有各种洄游 / 迁徙物种，它们可能来自于内陆、入海的淡水河流、大洋的海沟甚至是地球另一半的某一个角落。一些陆生动物和海洋动物也会偶尔光临滨海湿地——如海龟会在繁殖期的夜里潜入东南亚的海滨沙滩上产卵，而普通鵟等猛禽可能将滨海湿地列入其捕猎领域。可以说，除了常年在深海生活的物种外，绝大多数海洋生物在生态上都会依赖滨海湿地。

1. 植物

浮游植物和底栖藻类是滨海湿地水体的初级生产者。

浮游植物是滨海湿地食物链的初始环节，间接或直接地为河口水域和沉积物中的浮游动物、经济鱼虾类及其幼体提供主要的食物来源。通常，硅藻 *Bacillariophytes* 和甲藻 *Pyrrophytes* 是河口浮游植物的优势种，其他的主要种类还包括隐藻 *Cryptophytes*、绿藻 *Chlorophytes* 和金藻 *Chrysophytes*，还有少数的黄藻 *Xanthophytes*、裸藻 *Euglenophytes* 和蓝藻 *Cyanophytes*。其中，硅藻是我国大多数滨海湿地的优势类群，其丰富度甚至可达浮游植物总数的 80% 以上。

碱蓬是盐酸较高的滨海湿地的常见种（章克家摄）

浮游植物虽然大都小于20μm，但数量众多，能影响到水体的颜色。当发生赤潮时，海水会呈现大面积的红色或棕色，就是因为赤潮藻种的种群突然爆发所致。

底栖藻类分为大型藻类和微型藻类两类。盐沼和泥滩上的微型底栖藻类数量很多，但砂质海滩则很低。在温带地区，潮间带微型底栖藻类种，丰度最高的是硅藻。

基岩质滨海湿地的优势种类是鼠尾藻 *Sargassum thunbergii*、孔石莼 *Ulva pertusa*、蜈蚣藻 *Gratcloupia filicona*、三叉仙菜 *Ceramium kondoi*、海萝 *Gloeopeltis furcata*、江蓠 *Gracilaria verrucosa*、石花菜 *Gelidium amansii*、扇状叉枝藻 *Gymnogongrus fiabelliformis*、珊瑚藻 *Corallina officinalis* 和鸡毛菜 *Pterocladia capillacea* 等。

海藻的色彩多种多样，不同的类型呈现不同的色彩，但对同一种海藻而言，色彩是一个相对稳定的性状。海藻的色彩大致可分为绿色、褐色和红色3种类型。在胶州湾，以优势种为代表的海藻群落基本上可以分为3个景相型：绿色－褐色型、绿色－红色型和绿色－绿色型。绿色－褐色型出现在基岩质内湾，是青岛近海和胶州湾潮间带中最常见的一种景相型，其代表藻种多为孔石莼（绿藻）和马尾藻类 *Sargassum* sp.（褐藻）。绿色－红色型是内湾高盐水域潮间带或潮下带常见的景相型，由孔石莼和刺松藻 *Codium fragile*（绿藻）及蜈蚣藻和海膜 *Halymenia* sp.（红藻）组成。第三种是内湾型砂砾海滩常见的景相型，组成种类有囊礁膜 *Monostroma* sp.、盘苔 *Blidingia* sp.、缘管浒苔 *Entermorpha* sp. 及孔石莼等。

高等植物是组成湿地景观的要素之一，并且植被类型本身就是滨海湿地的分类依据之一。

从水平地带性分布规律看，我国海岸带位于欧亚大陆的东部，属于太平洋沿岸系列，除沿海岛屿（包括日本群岛在内）受海洋影响显著外，北部区域冬季受蒙古－西伯利亚强烈反气旋寒潮的影响，气候干燥而寒冷，而南部受强盛的东南季风影响，温暖而湿润。因此，从植被带的分布规律看，从北到南的分布分别为：暖温带落叶阔叶林区域、亚热带常绿阔叶林区域和热带季雨林、雨林区域。以此可以推知各地带滨海湿地植被的演替方向，这一点对目前越来越多的人工干预、湿地恢复工作是非常重要的。

最常见的大型藻类，组成绿色—褐色景相型

由于海岸带的濒海特点，气候上受到海洋的调节，夏季气温往往比同纬度的内陆稍低一些，而冬季却更暖和一些，因此对植被发育是很有利的，而且海岸带的水分条件也比同纬度的内陆好，这种水热条件的结合就出现了海岸带和内陆植被在纬向分布上的差异，比如隶属于热带季雨林、雨林区域的红树林可以向北延伸至福建、浙江等地。

当然，滨海湿地的生境复杂性也决定了非地带性分布规律的普遍性。草甸、沼泽和水生植被是发育在水分适中或是多水生境中的植被类型。由于生态条件相对一致性的程度较大，每种类型中生长的植物广布种就较多，其分布具有跨地带性的特点，被称为隐域植被或非地带性植被。其中，芦苇沼泽是我国分布最广、面积最大的沼泽植被类型，从辽东半岛至亚热带海滩都有分布，并且能在淡水至半咸水的水域中生活。香蒲 *Typha* spp.、苔草 *Carex* spp.、灯心草 *Juncus* spp. 和藨草 *Scirpus* spp. 也都是较为广布的湿生植物。水生植被的地带性差异最不显著，其建群种主要为世界广布种，如眼子菜 *Potamogeton* spp.、金鱼藻、狐尾藻等。总的来说，由于我国滨海湿地在纬向上的大跨度，植物的多样性非常高。

常见于潮间淤泥海滩的中、低潮带，不过被藤壶所依附的可不常见（章克家摄）

除了热带海底大而美丽的海葵外，在温带的基岩质湿地上也常常能在礁石的缝隙里看到另一些较小的海葵，它们依靠退潮时留在石缝里的水为生，因此分布在能经常受到潮水影响的石缝里（章克家摄）

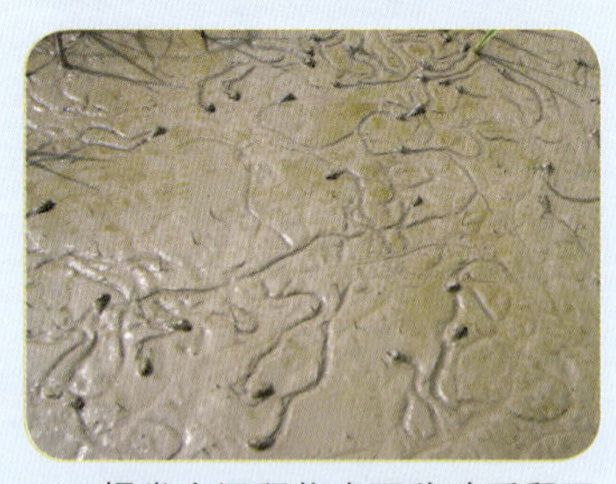

螺类在沉积物表面移动后留下了图案似的纹路（刘文亮摄）

2. 底栖动物

底栖动物是指生活史的全部或大部分时间栖息于水域的底内和底表，或不能长期在水层中做较长距离游泳的动物。

底栖动物具有丰富的生活型，因此在各种不同的滨海湿地都有许多底栖动物适应并生活在其中，其生活型概如下。

（1）底表生活型　在各种底质上部营固着、附着和匍匐移动生活的生态类群。固着（附着）生活的物种常见于基岩质滨海湿地或有植被覆盖的潮间带湿地，潮滩上偶见的散石或渔业装置也是这类生活型底栖动物分布的小生境，而匍匐移动的物种则广泛分布在潮间带和潮下带。

固着生物是固定在基底上营固着生活的动物。它们的幼体为游泳生物或浮游生物，一旦在基底上固着变态后，终生不再移动。固着生物采用被动的摄食方式，主要依靠水体流动带来的食物以供养它们的营养；同时，它们的卵和幼虫也是依靠水流的携带而扩大其分布区域。因此，这类动物的分布和生活与水体的流动有密切关系，往往在流速大的海区种数和密度都较大，例如藤壶 *Balanus* sp. 的幼体就有迎着水流附着，而在静水中不附着的习性。固着生物几乎包括全部海绵动物、苔藓动物、大部分腔肠动物及其他门类的一些动物（如甲壳类的藤壶等）。

附着生物在附着生长后仍可移动。常以发达的足丝附着在基底上，通过放弃旧足丝，移动到新的环境中再分泌新的足丝附着上去。典型的附着生物如贻贝、扇贝、珠母贝等。

匍匐生物指栖居于基底表面稍能移动的动物。它们一般都具有宽大基部和扁平的体形，以便在海底上保持平衡状态。匍匐生物包括大部分腹足类软体动物、海星类、海胆类、一些蛇尾类和双壳类软体动物。

（2）底内生活型　用各种方式在各种底质内生活的生态类群。营这类生活型的物种常见于淤泥质或沙质湿地，从潮上带到潮下带都有分布。分为管栖动物、埋栖动物和钻蚀生物。

管栖生物主要包括一些能分泌管子埋栖于泥沙中的种类。如有的多毛类生活在"U"形革质管中，管外壁黏附砂粒和壳片，绝大部分埋入泥沙中，管的两端有开口，虫体终生栖居管中，身体中段疣足的腹肢变为腹吸盘吸住管壁；背肢变为扇状体（或称鼓动器），可鼓动管内的水流动，这些变异是对管栖生活适应的结果。

藤壶常见于基岩质海滩的礁石和船木等处，但是在淤泥质的滨海湿地上并不多见——不过这样的机会主义者真的是什么都不会放过，哪怕渔夫的竹竿也不例外（章克家摄）

埋栖生物（底埋动物）为栖息于泥沙中的一类动物，会挖洞穴居或者将身体陷在淤泥或砂砾表层以下，有多毛类环节动物、双壳类软体动物、部分甲壳动物、棘皮动物（蛇尾）等。部分半索动物（柱头虫）、脊索动物（文昌鱼 *Branchiostoma belcheri*）也能以此方式生活。

钻蚀生物（钻孔动物）通过物理或化学的方式，钻蚀坚硬的岩石或木材等物体，生活在自己所钻蚀的管道中。最有名的就是双壳类软体动物中的船蛆科，此外，也有一些等足甲壳动物和双壳类软体动物。

（3）底游生活型　经常在水底游动，具有较发达的运动器官（如附肢）和一定游泳能力的生态类群。营这类生活型的物种常见于长期被水淹没的地方，如潮下带和泻湖，有时也会随着潮水进入穿越整个潮滩的潮沟。

这类动物主要是水底生活的甲壳动物（蟹类、虾类和口足目等）和其他鱼类。底游动物有各种各样的运动方法：甲壳动物在游泳时利用胸肢（蟹类）或腹肢（虾类）前后划动，双壳类软体动物（如扇贝）把水从经常活动着的壳瓣下射出，借反作用力而移动。它们参与以下生态过程：生物扰动（活跃的掘穴）、取食大型底栖动物、沉降食性（包括取食小型底栖动物和微型底栖动物）、清除死的生物、作为居于水底的自游动物的猎物以及营养物质的再生等。

可见，大部分底栖动物活动范围很小，活动能力非常有限。因此，它们往往在结构上就具有防御捕食者的适应机制。例如，藤壶、牡蛎、蛤类、螺类等很多种类坚固的石灰质外壳，有些海胆具有的尖利棘刺以及腔肠动物的刺胞等。那些营底埋生活方式的种类，除了利用沉积物的隐蔽作用外，管栖多毛类还具有革质管，钻蚀种类以较为坚固的钻蚀对象（木头、岩石）来保护自己，天敌很难侵害到它们。

由于特殊的生活方式，使底栖动物在滨海湿地中成为不容易被很快找到的生物类群，常见的贝、虾、蟹、螺等都属于大型底栖动物。对生态系统作出巨大贡献的还有数不清的小型底栖动物，它们种类繁多，数量巨大，不仅可直接作为鱼虾和贝类的饵料，且在生态系统的能量转换和环境质量的综合评价中占有重要的位置。滨海湿地生态系统中的小型底栖动物可以分为暂时性和永久性两类。前者是指大型底栖动物的幼体，如小的腹足类。这些腹足类的分布有时是相当致密的。但是，这些小型底栖动物是暂时性的，如果它们生存的时间足够长，其个体就会长到超出小型底栖动物的大小。永久性类群包括轮虫纲、腹毛纲、动吻动物门、线虫纲、原环虫纲、缓步纲、桡足纲、介形亚纲、须甲亚纲、涡虫纲、寡毛纲、一些多毛类动物以及水螅纲、纽形动物门、苔藓动物门、腹足纲、海参纲和背囊类

在长江口湿地上通常能看到成群的河蚬（章克家摄）

巢沙蚕 *Diopatra* sp. 的栖管较结实，裸露在沙地上的部分通常有泥、沙、贝壳碎片或植物残枝等杂物黏附在上面。裸露在地表的管口常呈弯曲或烟囱状，更加不易被发现，能避免被其他生物所捕食（何文珊摄）

蜾蠃蜚 *Corophium* sp. 的体型极小，却能在沉积物中挖掘 U 型管道作为生存空间，以水中悬浮的有机碎屑和硅藻为食（何文珊摄）

弧边招潮 *Uca arcuata* 正警觉地守在它的洞穴口，眼柄竖立。这是一只雄蟹，有一支发达的螯足（章克家摄）

表1　河口底栖动物的功能类群

类　群	功能特征 成体大小	包括的种类
大型底栖动物	不能通过1mm孔径网筛的种类	大多数的软体动物、多数多毛目环节动物、十足类和其他甲壳动物及纽虫等
小型底栖动物	能通过1mm孔径而阻留在0.1mm孔径网筛上	线虫、桡足类、涡虫、线虫、动吻类、腹毛类、介形虫、微型纤毛虫等
微型底栖动物	能通过0.1mm孔径网筛	原生动物的有孔虫和纤毛虫等
	微生境	
底表生活型	生活于河口泥沙或岩礁的表面上，包括： a. 固着动物 b. 水底匍匐和水底漫游动物 c. 附着动物	a. 水螅、海葵 *Actinia* sp.、牡蛎、藤壶等 b. 蟹类、海星等 c. 腹足类软体动物、海胆类、一些蛇尾类和双壳类软体动物
底内生活型	生活于河口泥沙内，管栖、穴居或自由潜入的底埋动物；钻蚀动物；沙栖动物	多毛类、某些蟹类和软体动物的螺、蛤等；钻蚀岩石而居的某些软体动物；生活在沙滩上的较小型底栖生物、缓步类动物
底游生活型	生活于水底的沉积物表层，具有较强的游泳能力或活动能力	虾类、一些蟹类、底层鱼类等
	食性类型	
食悬浮物的底栖动物类群	生活在粗砂、砾石和滚石中，无选择地从水体中取食有机悬浮物和部分无机颗粒，摄食器官包括：鳃、触须、触手冠、黏液腺和纤毛等	海绵动物、苔藓虫、多数双壳类动物和多毛目环节动物、一些甲壳动物（如藤壶）（许多底上动物和一些管栖、穴居动物都属于此类群）
滤食性底栖动物类群	是食悬浮物的底栖动物类群中的一个亚类。这类动物从流经过滤器官的水中取食，对取食的颗粒物大小有种间分化	海绵动物、被囊动物和大多数软体动物
非选择性沉积食性类群	潜居于软泥底质内，不加选择地摄食含营养丰富的腐殖有机物的软泥	大部分大型和较小型底栖动物，如腹足动物
选择性沉积食性类群	选择性地消化富含生物体的底质，如硅藻层等	一些线虫、海胆、招潮蟹等
肉食性类群	具有第二、三级消费者的生物学特性，从沉积物或水体中捕食活的或死的食物颗粒	一些环节动物、十足类动物、海星、一些腹足动物、线虫、涡虫等
寄生和共栖类群	通常是居住在底栖动物体内或体表的特化类群，摄食寄主体液或从其鳃中获得食物	牡蛎体内的扁形动物、桡足类、豆蟹等
	沉积物特性	
软底质生活类群	淤泥、淤泥质黏土、黏土质淤泥、腐泥	底内生活型动物、食沉积物者
砂质底质生活类群	砂地、砂质淤泥	食悬浮物者、沙栖生物
硬底质生活类群	基岩质潮间带、硬土层	底表生活型动物

的少数特化成员。

据统计，我国各海域的双壳类有 1048 种，隶属 370 属 77 科，其中大多数都是在滨海湿地生活的种类。滨海湿地的底栖动物因类群复杂，涉及的科属极其繁复。对它们的功能类群分析是近年来滨海湿地研究中的热点之一，通过表 1，可帮助人们更好地理解和重视这类不起眼的生物。

3. 鸟类

在湿地生活的鸟类被称为湿地鸟类，即在水域活动或其生活环境与水体有紧密关系的鸟类。水鸟可以分为两大类：涉禽和游禽。涉禽泛指在水边活动，涉水觅食的鸟类，如鹤形目的鹤科、鹳形目的鹭科、丘鹬科等鸟类；游禽统称会游泳的鸟类，包括雁形目的雁鸭类、鹤形目的骨顶鸡、鹳形目䴙䴘科等鸟类。

除了以上两种分类，在滨海湿地常用的还有如下称法：

海鸟 以海洋海域为觅食栖息环境的鸟类，如鹳形目的鸥科、鲣鸟科等鸟类。

滨海鸟 特指鹳形目的丘鹬科、鸻科等鸻鹬类鸟。

滨海湿地被誉为“鸟类天堂”，因为它能提供植被、光滩、水面、礁石等各种栖息生境，并且提供各种饵料，让不同生态位的鸟类在同一个区域内共同生活。湿地水鸟的生态位分化体现在多个方面，如食性上的分化、迁徙时段的分化等。

从食性上说，湿地水鸟中既有植食性的鸟，如雁类，也有肉食性的鸟类，如猛禽，当然，更多的是食性广泛的杂食性鸟类，如鸻鹬类，其食物涉及大型底栖动物、昆虫、植物果实及碎屑物等。水鸟的捕食对滨海湿地的底栖无脊椎动物种群具有重要的影响，并且水鸟能够消耗掉水体中相当比例的次级生产力。因此，水鸟在河口区食物网的物质和能量流动中起到重要的作用。

影响滨海湿地鸟类食物变化的原因可归纳如下：

(1) **潮汐变化** 如果对捕食者来说被捕食者（例如鱼和甲壳动物）只在靠近潮水边缘才有的话，潮汐状态就会对捕食者有很大的影响。并且潮汐可能加剧鸟类的种间竞争，如涨潮时，鸟类向潮间带的上方移动，甚至进入海堤内的水库或鱼塘，取食栖息场所减少，其觅食行为也明显减少，种间的直接攻击屡有发生。在退潮时，无论空间资源还是食物资源都相对丰富，如鸻鹬类在滩涂上呈现较明显的空间生态位分化，保证了各种鸻鹬种群能较稳定地共处在一个群落中。

(2) **昼夜变化** 现有研究表明，昼夜捕食主要的不同是黑暗中无脊椎动物的在潮滩表面的活动性增强，对捕食者而言，就是捕食效率可能因此提高。当然，被捕食者在捕食者

红颈瓣蹼鹬以浮游生物为食，可在水里游泳（王吉衣摄）

普通燕鸻的食性和其他鸻鹬类鸟不同，它们在飞行中捕捉飞虫为食（章克家摄）

大滨鹬在光滩及水线附近觅食（章克家摄）

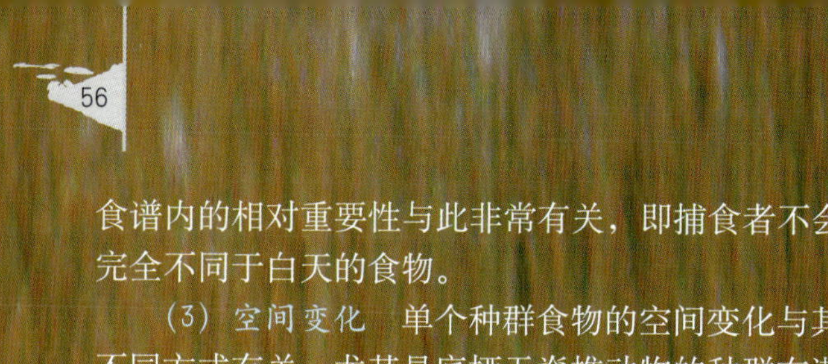

食谱内的相对重要性与此非常有关，即捕食者不会在夜间捕食完全不同于白天的食物。

（3）空间变化　单个种群食物的空间变化与其食物分布的不同方式有关，尤其是底栖无脊椎动物的种群在潮滩上经常呈斑块状分布。许多研究表明，一种湿地鸟类的食性在特定的季节中变化不大，特别是生活在潮间盐沼湿地某一高程上的鸟类。大多数鸟类的食物来源往往集中在若干个类群上，一般情况下，其食物的数量是充足的。鸻鹬类的喙及跗蹠的长度的差异也可反映其取食空间及策略的不同，一般来说，跗蹠较长的种类在浅水处和草丛中出现频率较高一些，如黑翅长脚鹬 *Himantopus himantopus*，而跗蹠较短的种类如环颈鸻 *Charadrius alexandrinus* 则主要在裸露的光滩或盐沼湿地内的低洼裸地上觅食。而喙越长的鸟类就越能捕食藏匿在沉积物较深层的底栖动物，如大杓鹬 *Numenius madagascariensis*。黑脸琵鹭具有长而扁平的喙，觅食的时候将喙插入水中左右摆动来获取食物。

（4）无脊椎动物的丰富度和可捕获性的周年变化　淤泥质沉积物中底栖动物的密度变化很大，尤其是在高纬度地区，这主要取决于底栖动物的繁殖率与出生率。虽然滨海湿地的生产

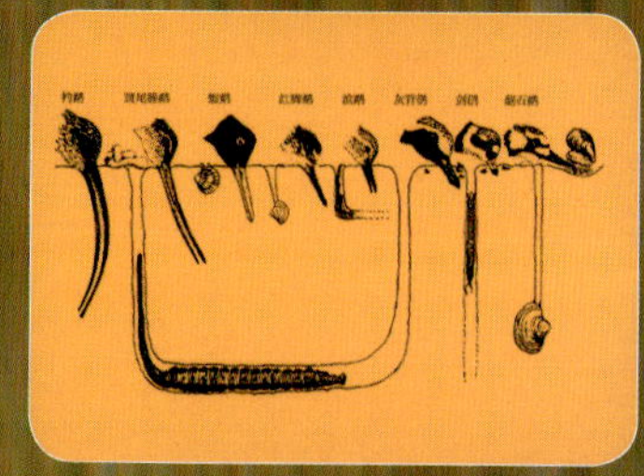

不同形态的鸟喙决定了不同的食谱

黑翅长脚鹬具有长且鲜红的脚，能在有一定深度的水里觅食（章克家摄）

反嘴鹬具有独特的向上翘起的细长的喙，它们觅食时将喙在水里来回摆动，以获得食物（章克家摄）

苍鹭在滨海湿地的分布很广，从潮间带的光滩到潮上带的河道都有它们的踪影。由于它们总是静立着等待猎物，因此得到“老等”的昵称（王吉衣摄）

在浅水区觅食的黑腹滨鹬

之所以叫黑腹滨鹬，是因为它在繁殖时腹部羽色转为黑色。它的繁殖地在远东地区。此图摄于崇明东滩湿地，处于北迁途中，尚未完成繁殖羽的换羽（章克家摄）

红颈滨鹬常在光滩上啄食（章克家摄）

在水线上觅食的红脚鹬（章克家摄）

环颈鸻是一种个体很小的鸻鸟，常见于光滩和海三棱藨草带裸地。因其白围脖似的颈部特征和奔走寻食繁忙不已的样子而受到观鸟者的偏爱（章克家摄）

力很高，有丰富的食物来源，但当进入生产力较低的冬季或消费者骤然集中的季节（如迁徙集群或繁殖集群的时候），种间竞争仍然显著，并有明显的食性生态位分化与取食空间的生态位分化。而在南北半球之间迁徙则是有效利用各处滩涂的好办法，可避免过于激烈的种间竞争，因此，虽然看起来长距离迁飞是一个极度消耗能量的过程，但是它对食性生态位相近的物种有效利用狭长有限的滨海湿地具有重要的意义，在长期进化过程中得到了保留。

对于雁鸭类而言，为了获得更高的捕食效率，它们通常分布在水线附近，并可通过水下捕食的能力与相距不远的鸻鹬类和平共处。

以崇明东滩湿地为例，可以很好地理解各种鸟类是如何在同一片湿地上共存的，并且在一年内通过不同的迁徙习性高效地利用了该湿地。崇明东滩湿地上主要有 4 种水鸟。

第一，鸻鹬类群，是组成春秋季相鸟类群落的主体，种类计 46 种，途经中转的数量近百万只次。春季北上过境时间从 2 月下旬陆续迁来，4 月上旬至下旬（即“清明”后到“谷雨”）是过境高峰期，延续到 5 月中旬结束，历时约 60 天。秋季南飞过境时间从 8 月中旬开始迁来，9 月中旬至 10 月中旬（即“白露”到“寒露”）为过境高峰，一直延续到 11 月上旬结束，历时约 90 天。

攀立在芦苇杆上的震旦鸦雀
（章克家摄）

它们主食底栖动物，如螺类、贝类、甲壳类，也食昆虫、草籽和草屑等。因此，它们在崇明东滩的分布受食源所制约，主要分布在海三棱藨草的内带和外带以及与外带相邻的藻类盐渍带内侧，而很少涉足芦苇带。

第二，雁鸭类群，是崇明东滩冬季鸟类群落的主体，种类计 28 种。每年 9 月下旬陆续从北方迁来越冬或在此过境，估计在崇明东滩每年越冬和路过的雁类约 20 000 ~ 30 000 只，野鸭类达上百万只。雁鸭类从 10 中旬开始迁来，11 月中旬达高峰，翌年 3 月中旬至 4 月上旬先后迁离，逗留时间长达 150 ~ 180 天。雁鸭类食性相似，以植物的种子、果实和鱼、虾、蟹、蛤、螺为食。雁类的食性偏植物性，主食植物的种子、果实、叶子。野鸭类取食较多的动物性食物。由于习性不同，它们一般分开活动。

第三，鸥类群，栖息在崇明东滩湿地的鸥类仅 11 种，留下越冬的数量上万只，其中银鸥 *Larus argentatus* 和红嘴鸥 *Larus ridibundus* 的数量最多，经常在东滩东沿水域上空盘旋飞翔，觅食小鱼、小虾等，也追捕和啄食雁鸭群中的老弱病残者。它们结群歇息在藻类盐渍带。

第四，鹭类群，是崇明东滩湿地主要的夏候鸟和留鸟类群。这类鸟的个体通常都很大，具有长喙、长颈、长腿的特征。与前 3 类鸟相比，其分布范围最为广泛，从大堤外的裸露光滩到堤内鱼塘都有分布，对潮滩湿地的依赖性是最低的。这类鸟是湿地鱼类的主要消费者，其他食物还包括虾、蟹、软体动物、水生昆虫和水生植物等。

除了水鸟外，在芦苇丛中还可见震旦鸦雀 *Paradoxornis heudei* 等雀形目鸟类。它们体型较小，敏捷灵活，通常成群分布，以芦苇丛中的昆虫为食。

其他的珍稀鸟类：

白头鹤 *Grus monacha* 是国家一级重点保护动物，近年来在崇明东滩越冬的约有140只左右。另有少量的灰鹤 *Grus grus* 混群于白头鹤之中，它们白天主要在海三棱藨草的外带觅食地下球茎，也到相邻的藻类盐渍带活动，偶尔飞到附近农田啄食麦苗，夜间则到大堤内蟹塘的芦苇丛中栖息。

东方白鹳 *Ciconia boyciana* 是国家一级重点保护动物，2003年冬季和2005年冬季分别在崇明东滩湿地发现有少量个体。它们在黑龙江洪河自然保护区等地繁殖，在长江中下游越冬。

从我国滨海湿地的鸟类群落看，鸻鹬类（或者叫做涉禽、海滨鸟）是滨海湿地水鸟的代表物种。滨海湿地具有淤泥质或砂质基底、周期性的潮汐变化、底栖动物丰富等特点，这正适合鸻鹬类的栖息、觅食和其他生物学特征的需要。中国共有鸻鹬类鸟78种，常见于滨海湿地的湿润开阔地带，且大部分为候鸟，即每年春、秋两季，在越冬和繁殖地之间定期集群迁徙的鸟类。

迁徙是鸟类最重要的自然现象之一，也是鸟类学家几十年来最关注的研究方面之一。研究得知迁徙水鸟年度间迁飞的路线，全世界有三大鸻鹬类迁飞路线，我国大部分的海岸线正处于东亚—澳大利西亚迁飞路线（East Asian – Australasian Flyway）上。每年春季，数以百万计的鸻鹬类从澳大利亚、新西兰等越冬地起飞，沿东南亚、中国东部海岸线向北迁飞，一直到俄罗斯远东等北极圈内的繁殖地进行繁殖，然后在秋季原路返回10000km以外的越冬地。由于路途遥远，鸻鹬类在迁徙过程中必须在途中停留数次补充食物，恢复体力。以大滨鹬 *Calidris tenuirostris* 为例，从澳大利亚西北部到崇明东滩滨海湿地的数千千米不停歇的迁飞会耗去50%以上的体重，为了能成功抵达繁殖地，必须在崇明东滩湿地和北戴河那样的“驿站”进行能量补充。东亚—澳大利西亚鸻鹬类迁飞路线上类似的 “驿站”还包括辽宁省鸭绿江口和双台

在泥滩上觅食的扇尾沙锥。崇明东滩湿地是这类迁徙鸟补充能量的重要驿站（王吉衣摄）

在冬季的芦苇丛间，绿头鸭的头部非常醒目（章克家摄）

河口、山东省黄河口、江苏省盐城边滩等。当然，不同的鸟类有不同的捕食策略与迁徙习性，因此，在一个被多种迁徙性鸟类利用的河口湿地，一年内的鸟类数量可能变化不显著，但种类组成会有很大的变化。因此，东部沿海的潮间淤泥海滩是鸻鹬类在迁飞中的重要停留地，也是观测、研究其迁徙的重要地点。

此外，一些鹤类、鹭类、雁鸭类、鸥类等水鸟也在繁殖和越冬期间以潮间淤泥海滩作为暂时的栖息地。

上述湿地的潮上带部分由围垦形成的鱼蟹等水产养殖场，根据其养殖品种不同分为永久性水体或暂时性水体。水生植被丰富，一般为芦苇等挺水植物和其他沉水植物，还有其他的水生昆虫、天然或养殖的甲壳类动物和各种鱼类。由于优良的食物条件和隐蔽条件，往往也能成为雁鸭类、鹭类、秧鸡类、鸥类等水鸟的主要栖息地。

冬季在崇明东滩湿地栖息的白头鹤群（章克家摄）

海岛和珊瑚礁是军舰鸟、信天翁等大型海鸟的天下。海鸟在分布于这里的一些海岛上筑巢繁殖，并在周围的海域中觅食。如黑嘴端凤头燕鸥 *Sterna bernsteini* 是鸥科鸟类中最稀少的一种，自 1863 年被人类命名以来，比较确定的观察记录只有 5 次，而它们的分布和繁殖地都不得而知，并一度被认为已经灭绝了。但是 2000 年夏天在福建沿海的一个海岛上发现了一处繁殖点，4 对繁殖鸟，2004 年在浙江韭山列岛发现约 10 对，研究人员目前正在山东至福建之间的海岛上继续寻找黑嘴端凤头燕鸥的繁殖鸟群。而在南海海域，星罗棋布的珊瑚礁则是鲣鸟 *Sula* sp. 的栖息地。

2005 年末又有东方白鹳飞抵崇明东滩湿地（章克家摄）

我国滨海湿地几乎全部被纳入亚洲受胁鸟类的重要湿地地区，并被分为三大部分——黄渤海沿岸、东海南海沿岸、海鸟栖息地。黄渤海沿岸记录到 21 种 RDB 鸟类（被纳入《国际鸟盟红皮书》的受胁鸟种），包括 2 种特有鸟。全球已知的黑脸琵鹭、黑嘴鸥 *Larus saundersi*、几乎所有黄嘴白鹭 *Egretta eulophotes* 都在这

繁殖季节的须浮鸥 *Chlidonias hybrida*。亲鸟把巢做在鱼塘里的芦苇丛边，隐蔽而免受天敌对幼鸟的伤害（章克家摄）

鹤鹬冬羽（章克家摄）

一地区繁殖，黑脸琵鹭和黄嘴白鹭的繁殖地点多在朝鲜半岛西侧海域的海岛上，而黑嘴鸥多选择在潮间淤泥海滩繁殖。每年有占全球种群数量很大比例的鸿雁 *Anser cygnoides* 和丹顶鹤 *Grus japonensis* 在江苏沿海越冬。此外，还有大量的受胁水鸟从这一地区迁徙过境，其中最引人注目的就是小青脚鹬 *Tringa guttifer* 和勺嘴鹬 *Eurynorhynchus pygmeus*。东海、南海沿岸记录到 15 种 RDB 鸟类，大大小小的河口湿地如闽江口、深圳湾、曾文溪口等，以及红树林湿地和潮间盐沼湿地对南迁的水鸟具有重要意义。越冬鸟类最引人注目的就是几乎全球所有的黑脸琵鹭以及大量的黑嘴鸥，目前推测史氏蝗莺 *Locustella pleskei* 的主要越冬地可能也在此范围内。

此外，我国的马祖岛和钓鱼岛被纳入对海鸟而言特别重要的重点鸟区，马祖岛是已知惟一的黑嘴端凤头燕鸥繁殖群区，钓鱼岛是短尾信天翁 *Diomedea albatrus* 和黑脚信天翁 *Diomedea nigripes* 的繁殖群区，这 3 种鸟类都是只在亚洲范围内繁殖的海鸟。

在一些还保留着芦苇等湿地植物的水塘里，常能发现黑水鸡营巢育雏的踪迹（王吉衣摄）

繁殖季节，在双台河口湿地观察到的鹤鹬和它们筑在芦苇丛中的鸟巢。鹤鹬的繁殖羽色较深（章克家摄）

弹涂鱼不仅有与泥土颜色相近的溜滑皮肤，而且行动敏捷，最有意思的就是它们的一对眼睛，可以时刻让它“眼观六路”（章克家摄）

4. 鱼类

终生生活在河口的鱼类种数和科数较少，只有少数种类终生生活在河口。然而，很多鱼类至少在其生活史中的部分时期生活在河口。如果将生活史与滨海湿地有关的鱼类都加以统计的话，其种类是极其可观的。目前认为，除了典型的深海鱼类外，几乎所有的海洋鱼类都可能在滨海湿地出现。而一些淡水鱼类也会在河口地区完成其生活史的一部分，如长江口的中华鲟 *Acipenser sinensis*。一般来说，滨海湿地的鱼类可按照其生活方式或生态学特性进行分类，主要有：浅水鱼类、浮游鱼类和底层鱼类。

（1）浅水鱼类　当其靠近海岸时，被称为沿岸鱼类。生活在滨海湿地的边缘、沼泽、海草床和退潮后形成的潮滩水洼里，通常这些鱼类很小（成体小于10cm），大多数无迁徙行为。主要取食桡足类、端足类和其他小型动物。弹涂鱼 *Periophthalmus cantonensis* 是一类广泛分布在红树林和潮间淤泥海滩的浅水鱼类，它们具有与沉积物相近的皮肤颜色，腹鳍演变成吸盘，可以此将身体附着在礁石或其他基质上。为了躲避天敌，弹涂鱼也会在疏松的泥地里掘地洞藏身，在潮间带的潮沟边，可以观察到大量的弹涂鱼栖身之洞。弹涂鱼还具有一对特别发达而灵活的胸鳍，既可快速爬行，又可爬到高处。弹涂鱼还有一双大而突出的圆眼睛，前后左右，盼顾自如，周围的情况一切尽收眼底。当潮水高涨时，弹涂鱼常常爬到矮树上，一旦受到惊扰，就立即跳进海里。此外，弹涂鱼是少数能够长时间脱离海水的鱼类，其鳃和鳃裂经过长期的演变已经可以直接呼吸空气，并且皮肤内有很多血管，可以直接与外界空气进行气体交换，它们的尾鳍也有呼吸功能，所以在海边看到的弹涂鱼经常是把身体的大部分露出水面，而尾鳍留在水中，它对滨海湿地的适应能力真是独树一帜啊！

（2）上层游泳鱼类　是那些在水体中能自由游泳的种类，通常隶属于近表层的类群。上层游泳鱼类通常具有较强的迁徙行为，它们常常既是浮游生物取食者，又是肉食者。一些取食浮游生物的浮游种类特化为取食最低营养级的食物（浮游植物或碎屑），因此其食物资源极其丰富。这些鱼类包括油鲱 *Brevoortia* sp.、西鲱 *Alosa* sp.、凤尾鱼 *Anchoa* sp.、胡瓜鱼 *Osmerus* sp.、沙丁鱼 *Sardinella* sp. 等，它们的数量通常很丰富，是海岸渔业的基础。鲱鱼利用经过变态的鳃从水体中取食桡足类、枝角类和藻类。凤尾鱼、胡瓜鱼和沙丁鱼取食小型甲壳动物如桡足类、端足类、糠虾、虾和鱼的幼体。高等的肉食性上层游泳鱼类包括竹荚鱼 *Pomatomus saltatrix*、鲑鱼 *Salmo* sp.、斑

纹鲈鱼 *Morone saxatilis* 等。

(3) 底层鱼类　生活在河口的底质上或近底层，但常常在接近底层的水体取食和游泳。这是河口中最多样化的鱼类类群，主要是由于存在着各种各样的底质以及与底质有关的生物和非生物之间的相互作用，如繁殖对策、迁徙格局和食物资源的可利用性。包括海鲶 *Arius thalassinus*、褐牙鲆 *Paralichthys olivaceus*、石首鱼 *Sciaene* sp. 等。海鲶的外形特征是具有明显的丝状触须、光滑无鳞的身体、胸鳍上具有尖锐的棘刺。在可见度较低的水体，触须对于寻找食物是非常重要的。海鲶是杂食性的，它取食蠕虫、小型鱼类和碎屑物等各种食物。比目鱼很容易从其扁平的形状和身体深色一侧不对称的眼睛进行辨认。大多数比目鱼在发育早期眼睛的排列是正常的。随着生长，发生形态变化，一侧的眼睛偏移到另一侧，内部器官也进行重新排列。大多数种类喜好软泥底，休息时埋卧在沉积物里。较大的比目鱼消费大的虾、蟹和鱼类，较小的比目鱼取食小的甲壳动物、蠕虫和软体动物。

底层鱼类有两种取食类型：一种是底层取食者，与海鲶相似，口下位，下颌有触须。这些物种主要吃底栖无脊椎动物，包括小型甲壳动物、环节类蠕虫和小型软体动物。它们通常沿着底层掠食，随着年龄变大，有些种类要改变其底质偏好，从泥质底质转移到坚硬的底质。第二种取食类型为“移动捕食者”，在这一类群里，顶级肉食者(它们与底质只有较松散的联系)捕食运动能力较强的猎物如对虾和浮游鱼类。

变化中的滨海湿地

南麂列岛（陈水华摄）

自然演替

演替是生态系统的主要过程之一，但大多数生态系统的演替过程都是缓慢而不易察觉的。湿地位于水、陆交错的地带，水位的变化如果足够持久的话，就能导致植被也发生相应的变化，即演替发生。滨海湿地的演替通常更加显著，古人谓之“沧海桑田”。

淤泥质滨海湿地是演替发生最迅速的地方。由泥沙形成的软相底质很容易在波浪、潮流的共同作用下发生位移，从而改变潮滩高程和被水淹没的周期。植被是演替过程的指示者，其组成和分布显著地受到水深等环境条件的影响。由于滩涂在不断增高的同时也在向外拓展，因此，潮滩上随着高程发生变化的植物群落包含了时间序列上的演替过程，通常，科学家们采用空间替代时间的方法来观察滨海湿地的演替序列。

以长江口为例，由于潮下带和低潮带长期被水淹没，加上咸淡水交汇过程中产生的盐度胁迫，没有高等植物的生长。当泥沙逐渐淤积后，暴露时间延长，海三棱藨草等先锋物种开始在光滩上生长，并形成密度较高的群落。它们的根系起了固定泥沙的作用，植株本身则能对水流产生阻力，导致水的流速下降，促进泥沙落淤。当高程增加到 2.5m 左右时，芦苇开始生长，并逐步替

滨海夕阳（何文珊摄）

代海三棱藨草，形成大片的单优群落。在该群落的上方，即潮上带部分，通常可以看到陆生杂草侵入其中，如现在常见的加拿大一支黄花 *Solidago canadensis*、葎草 *Humulus scandens* 等。群落结构与生长在潮间带低潮滩的海三棱藨草群落完全不同，并且具有更高的植物多样性和初级生产力。

在红树林湿地，同样能够观察到演替的发生。白骨壤和桐花树是我国沿海红树林的先锋物种，能够适应较低的高程和较长的淹水时间。随着淤泥增加，秋茄－桐花树群落逐步取代先锋物种，成为红树林的主要组成部分，覆盖的高程范围也较广。黄槿和海漆则分布在更高的接近或已经成陆的地方。

湿地上植被的变化非常容易观察到，演替研究也通常以植被为研究对象。但是，除了植被外，动物群落也会随着演替而发生显著的变化。通常，位于潮滩中下部的底栖动物具有适应长时间水淹和较强水动力的生理特征，如底埋型的生活方式，且具有较高的自游生物多样性，在潮滩上部则多以附着或掘穴型生活方式的物种为主，如相手蟹和拟沼螺等。

滨海湿地自然演替的速度和方向都是时刻变化的。除了人为干扰外，其受到的主要影响有两大类，一类是促进滨海湿地向成陆方向演替的，即导致滩涂淤积的各个因素，包括一定数量甚至不断增加的来水来沙、植被扩展等；另一类是导致滨海湿地向海洋方向演替的，即导致滩涂侵蚀的因素，如海平面上升、径流携带泥沙的下降、台风及风暴潮等。有时，在洪季和枯季，这两类影响交替发生，最终导致滨海湿地处于相对稳定的状态。

不同高程的潮滩有不同的优势植物——其带状分布反映了湿地发育过程中的植被演替格局（何文珊摄）

人为干扰

由于我国的滨海湿地已经普遍面临城市化过程所带来的威胁，并且发生了较为严重的湿地退化与丧失现象，目前面临的困境有以下几点。

1. 近海水质污染严重，导致滨海湿地的生态退化

水体污染是我国河流、湖泊目前所面临的主要环境问题。根据2004年国家环境保护总局发布的《2004年中国环境状况公报》，全国七大水系（松花江、辽河、黄河、海河、淮河、长江、珠江）的412个水质监测断面中，近60%受到污染。这些河流均为入海河流，其水质直接给滨海湿地的渔业、农业及人民的生活健康带来了影响，并可能引发河口地区的赤潮、氧亏等事件。除了入海河流外，滨海湿地的城市化带来很大的污染负荷，大部分滨海湿地附近的城市在污水处理方面都有很大的空缺，如深圳城市生活污水中90%未经处理就直接排放到附近海域了。

近海养殖业也是滨海湿地最大的污染源之一。对虾养殖业中，以每公顷产虾1200kg计，约需投入饵料2400kg，其中30%以粪便和饵料的形式进入养殖水体，并在虾塘换水时通过水泵被就近排入海洋；又如，在近海水域的扇贝养殖中，每公顷（以1.5万粒密度计）每年排粪（包括粪便和假粪）至少为135吨（湿重），过于密集的养殖极容易导致养殖水体的富营养化。

此外，在泻湖内的养殖情况更加令人担忧。密集的网箱降低了水流，促使

建在海边或泻湖里的虾塘。清塘换水时，污水直接排入海中（何文珊摄）

泥沙在泻湖内淤积，致使泻湖淤浅，减缓了泻湖水体与海水的交换作用，导致水流不畅，水体溶解氧下降。而在养殖海区中误用、滥用各种抗生素、消毒剂、水质改良剂，也导致水体中微生态环境被破坏。

赤潮是海水富营养化的最直接后果，即外源性营养盐的大量输入导致海水营养盐结构失调，海水中浮游植物的种类组成、数量分布和物种多样性均发生了显著的变化。2002 年 6 月，长江口、辽河口等重要河口区海域浮游植物数量较 1959 年同期增加了 4 ～ 5 个数量级。渤海湾、莱州湾、长江口和珠江口等水域是我国赤潮常发区。2004 年，东海赤潮的累计发生面积达到历年最高水平，仅 5 月下旬浙江近岸海域发生 25 起赤潮，累计面积近 13 000km^2。其中 5 月上旬浙江中南部海域出现的特大赤潮，面积约 8000km^2，此次赤潮的优势藻种中有亚历山大藻，是典型的含有麻痹性贝毒素的赤潮生物。而 11 月中旬在汕头广澳岛附近海域爆发的棕囊藻赤潮（有毒赤潮）面积超过 600km^2。越来越频繁的有毒赤潮不仅导致渔业的惨重损失，藻毒素更可能通过食物链危害人们的健康。

除了富营养化外，近海的许多开发项目都会对环境带来严重的热污染、泥沙污染等，如在海南大洲岛周围海域所进行的密集的海上采钛作业，显著增加了海水的浊度，并且对海底的底栖生物和底上生物群落产生巨大的扰动作用，而在岸上开展的采钛作业也是直接将污水和泥沙排入海里或者海边的低洼地，导致当地的海洋生态和环境遭到严重破坏。

2. 城市化过程加快，导致滨海湿地的日益萎缩

我国东部地区拥有丰富的岸线资源，舟楫便利，物产丰饶。新中国建立前，殖民者就是从滨海地区敲开中国的大门。随着殖民地的拓展，东部沿海地区在 19 世纪起就面临了城市化过程的影响。改革开放以后，经济建设进入了持续快速的发展阶段，由于城市扩张不可避免地要占用大量土地，沿海地区土地资源紧缺，供需矛盾突出，近几年来开发海涂向海洋要地的呼声与行动均呈上升趋势。以上海为例，由于位于来沙来水丰富的长江口，滩涂淤涨速度非常可观。新中国建立以来上海共圈围滩涂 936km^2，扩大土地面积 14%。崇明岛是我国第三大岛，也是第一大冲积岛，其形成本身就是一部历朝不断围垦的历史，在 20 世纪 50 年代面积只有不足 600km^2，经过 50 多年的围垦，目前的面积已经超过了 1200km^2，增加了 1 倍。90 年代中期后，上海加快了围垦速度，在长江

泻湖由于风平浪静而成为养殖户最为青睐的海水养殖区——南方沿海大部分泻湖都已不堪重负（何文珊摄）

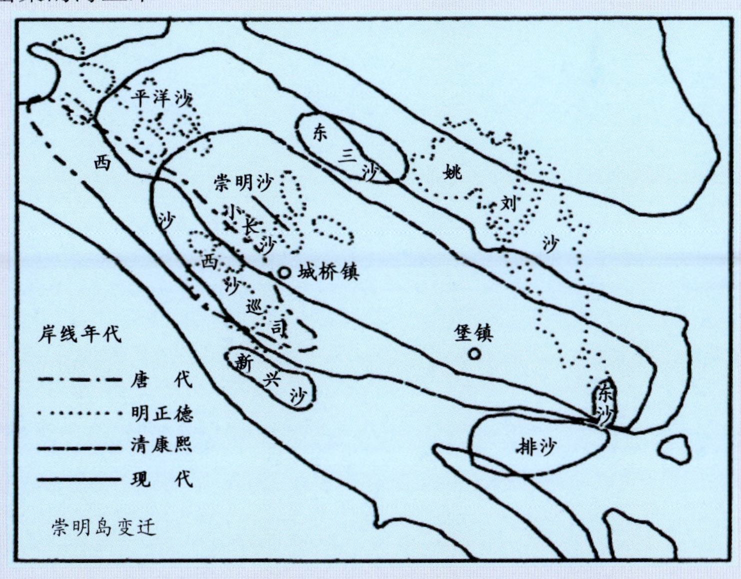

崇明岛的形成本身就是一部历朝不断围垦的历史
（仿自陈吉余，2000）

围垦技术不断发展，现在已经可以在高潮较低的光滩上围垦了（何文珊摄）

如果堤外没有足够滩涂的话，为了防止来自波浪、潮流的较强动力对大堤产生侵蚀破坏，因此需要在堤外布设消浪设施（何文珊摄）

在建杭州湾大桥西侧的新围堤外滩涂（何文珊摄于“龙王”台风前）

由于围垦导致在建杭州湾大桥西侧堤外滩涂狭窄，在2005年10月初“龙王”台风过后，滩涂受到显著的侵蚀（何文珊摄）

口南岸建设了浦东国际机场、临港新城、外高桥港区等，所占土地主要来源于滩涂围垦。可以说，上海是建立在滨海湿地上的城市，滨海湿地是它的命脉，关乎未来的发展。

据统计，全世界滨海湿地因为围垦而导致的消失速度为每年1%左右。我国1949年后累计丧失滨海湿地面积约2 190 000hm^2，占滨海湿地总面积的50%。主要围垦区在：双台河口、河北唐海、黄河三角洲、莱州湾、胶州湾、苏北沿海、长江三角洲、珠江三角洲等地。例如：双台河口1987年天然芦苇湿地面积为60 400hm^2，2002年减少为24 000hm^2，15年间减少了60.3%，芦苇湿地丧失幅度高于全国平均水平。浙江省原有沿海滩涂289 000hm^2，到2002年已围垦177 300hm^2，占滩涂总量的61%以上。虽然许多河口湿地具有显著的淤涨趋势，但是，由于围垦的形式已从高、中滩围垦到0m线以下围垦，从河口、岸滩涂围垦逐步发展到对泻湖、内湾的围垦，围垦速度已逼进甚至超过了滨海湿地的自然增长速度。虽然一个设计合理的围垦工程能利用后续的来沙加速围堤外的淤涨，但是新淤滩涂的生物群落恢复需要的时间一般至少需要数年至数十年。局部区域的大面积围涂与促淤的自然恢复之间很容易失衡。

在南方沿海，20世纪60～70年代中期的围海造田，以及80年代以来的围塘养殖和海岸工程建设是我国现代红树林面积急剧下降的最主要因素。60～70年代是我国人口增长高峰期，片面强调以粮为纲和增加农业用地，曾大规模、有计划、有组织地开展围海造田。而当时对红树林的社会价值与生态价值尚缺乏认识，导致大片红树林被毁。例如红树林分布中心区的东寨港，49%的红树林被围垦毁灭。80年代之后，随着改革开放和沿海经济迅速发展，海产养殖成为红树林海岸居民致富的重要途径，毁林围塘养殖竞相发展，毁林进行各种临海工程建设也屡有发生。据估算，类似的转换性开发等人类干扰使全国红树林湿地面积剧减65%，而且趋势至今尚未被完全制止。

由此可见，围垦对滨海湿地的影响是非常复杂的，成熟湿地的占用速度与新生湿地的发育速度之间应该有一个合适的比例或平衡关系，关于围垦的功过评价对今后的滨海湿地生态系统管理具有重要的指导意义。围垦后的生态恢复与湿地补偿措施不仅要考虑到对滨海湿地数量（面积）的补偿，更必须满足滨海湿地生态功能的补偿。

除了围垦外，港口开发和扩建也是导致滨海湿地丧失的一个主要原因，它对滨海湿地带来的影响包括：减少滨海湿地面积，湿地被隔离成小片的生境斑块、之间的联系被隔断，干扰了生物的正常迁移，工农业废水及船舶溢油加剧了湿地环境污染，改变原有水动力平衡，加重堤外湿地的侵蚀，增加了外来物种侵入的风险，导致原有食物网结构被改变，总之，滨海湿地在

由于南方的泻湖被大量用于海水养殖，沿岸生长的红树林如今多只剩小片的残林（何文珊摄）

在米埔湿地很容易就能看到对岸深圳的高楼楼群，但是，更加重要的是非法的滩涂渔民屡禁不止，他们在滩涂上的往返活动给鸟类的栖息和觅食带来了很大的干扰（何文珊摄）

航运交通日益发达的同时会变得越来越脆弱。

滨海湿地是大陆的前沿，能减弱海浪、潮流、飓风带来的侵蚀风险。湿地面积下降，或者植被覆盖面积减少，其减灾功能就会丧失，使海堤和人民财产直接暴露在自然风险之下。

3. 自然和人为干扰下，生物栖息地在不断丧失

滨海湿地是一类重要的生物栖息地，对鸻鹬类等迁徙鸟，滨海湿地是其补充能量的停歇地；对于洄游鱼类，滨海湿地附近的水域可能就是它们的产卵、孵化或育幼场所，可见我国的不少滨海湿地都具有重要的国际意义。所以，围垦是我国滨海地区盐沼湿地丧失的最主要因素，养殖则导致我国红树林面积大幅减少。20 世纪 50 年代，全国红树林面积约有 55 000hm^2，至 2002 年，已不足

15 000hm²，减少了 73%；广东、海南和广西红树林分布面积分别减少 82%、52% 和 43%。在珠江口，除了福田红树林保护区外，许多原来遍布红树林的岸段如今已经难以找到成片的红树林，取而代之的是斑块分布的小面积红树林，多呈次生状态，残林比重增大，多样性也很低。这样的红树林斑块很难为群迁的候鸟提供足够的栖息与觅食生境。

各种捕捞活动对滨海湿地的生物也是严重的干扰因素。除了徒手捕捉或使用钩、杆等简单工具外，最常用的就是各种网具——有的网用来捕捉随着涨潮潮水进入潮滩的鱼类和虾类，有的网是引诱蟹类进入陷阱，有的直接固定在低潮带捕捉各种水生生物。除了对生物资源的直接利用外，也对在湿地上栖息的鸟类产生了干扰，并可能与迁徙期间急于觅食补充能量的鸟类争夺食物资源。而过细的网孔除了留住渔民所需的鳗苗等鱼苗外，也将一些经济价值较低但可能具有较高生态价值的小鱼、杂鱼留在网内，它们的结局多是被丢弃在岸上，这对滨海鱼类群落产生了非常严重的干扰和破坏。

分布在近岸海底的海草床也受到了人为活动的干扰：过于密集的近海网箱养殖导致海草床叶面上的沉积物层加厚，抑制了海草的光合作用能力，最终导致海草床呈现老化和退化趋势。此外，底拖式捕捞也会对海草床造成严重的破坏。

熟大闸蟹

大闸蟹（即中华绒螯蟹）是我国秋冬季的珍馐佳品。食客的热情追捧越发激起捕捞蟹苗的热潮（何文珊摄）

蟹苗

每年 6 月上旬，长江口崇明岛和九段沙的潮下带蟹苗旺发，是闻名全国的中华绒螯蟹苗产地。由于流域的各种大型水利工程建设，大量的蟹苗已无法进入长江干流及支流的大小河川生殖繁衍。此外，河口水质污染以及大规模密集捕捞，严重威胁了长江口的天然蟹苗资源（章克家摄）

近观捕鳗网（何文珊摄）

在南方沿海，各种奇异的贝壳和珊瑚都是颇受欢迎的装饰品。但是，为了追逐商业利益而大量开采珊瑚礁，已经使近岸海域珊瑚礁生态系统受到严重破坏。海南岛海岸分布约 1/4 的珊瑚礁海岸，20 世纪 70 年代以来，由于珊瑚礁的开采，海岸后退速率达 15 ~ 20m/ 年。海岸侵蚀导致海岸线后退，潮间带变窄，湿地面积减少和湿地生境破坏等后果。此外，海水污染加剧和沉积作用也会显著改变珊瑚礁生态系统。

一些沿海地区在无序状态下开发海岛，炸岛、炸礁、炸山取石等，严重改变了海岛地貌和形态，破坏了海岛的生态系统，已造成较为严重的后果。有些海岛因随意砍伐林木、垦植草地，使岛上植被受到破坏，水土流失严重，裸岩石砾地面积增加，生态环境恶化；一些陆连岛和填海工程不经科学论证随意上马，使一些海岛的生态环境受到破坏；许多海岛的珍贵生物资源和国家级保护动物遭到滥捕乱杀，已濒临绝迹，海岛及其周围水域污染问题也日益严重，赤潮频繁发生。

捕捞是滨海湿地上最频繁的人为干扰。图中的男子正在挖河蚬。注意远处一排绿色的定置网，是捕捞鳗苗用的，彷佛水里的一道屏障（章克家摄）

浙江台州沿海（陈水华摄）

小天鹅在崇明东滩的越冬种群一度约有 3000 只。目前已不常见
（王吉衣摄）

自然灾害

除了人为干扰外，海岸侵蚀是不可回避的一个重要因素。据统计，除河口地区外，我国 70% 的砂质海岸和大部分处于开阔水域的淤泥质潮滩和珊瑚礁海岸均受到不同程度的侵蚀灾害，侵蚀程度长江以北重于长江以南。流域变化是海岸侵蚀的主要原因。江苏废弃黄河口附近自从 1855 年黄河北迁以来，原河口已后退 20km 以上，平均蚀退率为 15 ～ 45m/ 年；滦河三角洲自从引滦入津工程完成后，停止淤涨，甚至出现侵蚀后退现象；黄河自 1976 年由刁河口改道从清水沟入海后，刁河口附近海岸蚀退率达 13km/ 年，侵蚀速度属世界罕见。

因气候变化导致的海平面上升对滨海湿地的丧失也已引起人们的重视。联合国环境署的一份报告指出："许多沿海地区正在遭受到潮汐抬高、海岸带侵蚀加剧、海水倒灌侵蚀淡水资源等不利影响。随着气候变化和海平面的上升，这些影响还会进一步加剧。海平面上升对那些砂质和沙砾的海岸和海堤、海岸沙丘和湿地环境的丧失、许多中纬度低海拔地区灌溉的影响尤为严重。沿海生产力高的生态系统、沿海居民区以及海岛状况将继续面临一些压力，预计这些压力会有非常不利的影响，并可能在某些情况下成为灾难性的影响。""亚洲一些较大的三角洲地区和一些小岛国目前比 10 年以前更脆弱。在未来，这种脆弱性将继续增加，这些地区的风险特别大。"从目前滨海湿地受到的威胁来看，人为干扰和流域影响是主要的威胁因素。

珊瑚礁也是一类对全球变化非常敏感的生态系统。珊瑚所呈现的瑰丽色彩应归功于与之共生的各种虫黄藻。当光照、盐度、温度等环境因子变化时，虫黄藻可能逃逸、死亡，致使珊瑚群体呈现苍白或纯白色，这一现象被称作珊瑚白化。一般情况下，白化的珊瑚也会很快自行恢复，属于正常的生态变化，但是长期、反复、严重的白化会导致珊瑚死亡。由于珊瑚造礁对温度的敏感性，仅仅几摄氏度的增温或约 10℃的降温都会造成造礁珊瑚的死亡，从而引起其构建的整个珊瑚礁生态系发生很大的变化。最典型的就是厄尔尼诺现象对珊瑚礁的影响。1998 年，世界上很多地方出现空前严重的石珊瑚和软珊瑚褪色（白化）并死亡的现象，坦桑尼亚的马菲亚海洋公园中有 80% ～ 100% 的珊瑚死亡，印度洋斯科特环礁周围的水下 9m 处 70% ～ 100% 的珊瑚发生褪色和死亡现象，这恰与厄尔尼诺现象的发生相一致。

海岛是一类特殊的滨海湿地类型，除了珊瑚礁外，因为地质原因产生的海岛由于长期被隔离，其生物群落往往具有独特性。从全球看，海岛通常具有很高且独特

海上暴风雨前（何文珊摄）

的生物多样性，甚至具有独特的生物区系，如辽宁省的蛇岛，全国的蛇岛蝮自然种群全部集中在这个岛上。同时，海岛一般面积较小，土层较薄且贫瘠，肥力低，陆域植被种类贫乏、组成单一，易受破坏。大多数海岛的陆域地形坡度相对较大，水土流失严重，生态环境恶化，易于被侵蚀、风化，甚至形成荒漠化；单个岛屿的生物物种相对较少，稳定性较差，生态环境十分脆弱，极易遭受破坏，且破坏后很难恢复。因此，岛屿生态系统更加容易受到干扰和破坏。海岛所受的干扰及其后果见下表。

对于小面积的海岛或珊瑚礁，任何干扰都可能会使全岛受影响。表2中所见多为自然干扰，但事实上，人为干扰的频率和破坏程度远甚于自然干扰，并且人类干扰带来的影响通常难以恢复。

由于滨海湿地栖息地功能的下降，直接导致了生物多样性的下降。以小天鹅 *Cygnus columbianus* 为例，1989 年在崇明东滩围垦前，小天鹅越冬种群约有 3000 只，呈 3 个分布群：团结沙东北沿一群约有 1800 只，东旺沙东南沿一群约有 700 只，东旺沙东北沿一群约有 500 只。1990 年底，完成东滩团结沙围垦 1600hm^2，小天鹅在东滩的分布格局发生变化，数量从 3000 只减少至 2400 只。1992 年起，又在东旺沙围垦 4500hm^2 以上，当年的小天鹅越冬种群已不足 400 只。如今，崇明东滩湿地已经找不到小天鹅的越冬种群，该种记录仅为冬季偶见。

除了迁徙鸟类外，近海鱼类也因滨海湿地退化而发生群落结构的变化。渤海湾是我国的两大产虾区之一，那里出产的中国对虾 *Penaeus orientalis* 被誉为世界三大名虾之一。20 世纪 90 年代之前，虾汛时各渔船每年的捕捞总量近 40 000 吨。但在 1993 年以后，就再也没有形成过虾汛，直到 2005 年 9 月，小群的对虾才再次出现。在长江口，经济鱼类如刀鲚 *Coilia ectenes* 和凤鲚 *Coilia mystus* 资源已呈明显衰退趋势，大黄鱼 *Pseudosciaena crocea* 和带鱼 *Trichiurus haumela* 已经不成渔汛，鱼类群落结构发生了显著的改变，小型鱼类的优势度越来越高，经济鱼类的产量则呈下降态势。

生态系统是一个由许多物种共同组成的系统，共生、捕食等种间关系的平衡对整个生态系统的稳定性具有重要意义。任何一个种群发生突然的显著变化都可能导致对整个生态系统的破坏。在南海，由于对法螺的过度捕捞，导致了棘冠海星 *Acanthaster planci* 种群的暴发，最终导致大规模珊瑚死亡，类似的珊瑚死亡事件曾经在澳大利亚大堡礁及日本琉球群岛发生过。

可见，滨海湿地作为一个复杂的动态系统需要得到更多的关注和研究。

海岛受自然灾害影响状况表

干扰现象	影响面积	持续时间	周　期
飓风	大	小时～天	20 ～ 30 年
强风	大	小时	1 年
强降雨	大	小时	10 年
高压系统	大	天～周	几十年
地震	小	分钟	百年
火山爆发	小	月～年	千年
海啸	小	天	百年
极低潮汐	小	小时～天	几十年
极高潮汐	小	天～周	1 ～ 10 年
外来种入侵	大	年	几十年
人类开发	小	年	1 ～ 10 年
战争	小	月～年	?

保护我们的滨海湿地

南麂列岛（陈水华摄）

滨海湿地的保育

由于滨海湿地的重要性与脆弱性，对滨海湿地的保育已经受到了全球范围内的重视。在联合国《可持续发展二十一世纪议程》中，建议沿海国将珊瑚礁生态系统、河口、温带和热带沼泽地（包括红树林）、海草床、其他产卵场和繁殖场等列为优先保护的生态区。

中国 1992 年加入《湿地公约》后，为认真履行缔约国的义务和责任，适应湿地保护形势发展的需要，调动全社会的力量投入湿地保护，由国家林业局牵头，外交部、国家计委、财政部、农业部、水利部等 17 个部委共同参与，开始着手制定一个广泛参与、切实可行、符合国际规范的《中国湿地保护行动计划》，并于 2000 年 11 月 8 日正式发布。《中国湿地保护行动计划》确定了中国湿地保护和合理利用的目标、内容、优先领域和优先项目，使湿地的保护和合理利用工作走上规范化、制度化、科学化的轨道，以确保采取协调一致的行动，进一步推动中国湿地保护事业的发展。

《中国湿地保护行动计划》中，列出了我国在滨海湿地管理与保护中涉及各个方面的工作。

1. 形形色色的滨海湿地型自然保护区

自然保护区是我国最主要、最直接的生态保护形式。自然保护区是对濒危和珍稀物种及其赖以生存的生态系统和栖息地就地保护的场所，自然保护区的建立和有效管理是生物多样性保护的战略举措。根据 IUCN 制定的保护区分类系统，自然保护区可为分以下几类。

（1）科学研究保护区／严格保护区　进行严格保护以供科学研究、教育和环境监测的进行。这类保护区保持物种种群和生态系统过程尽可能无干扰的状态下延续下去。以绝对保护为主，科学意义较大，景观的自然性最强，是中国生物多样性就地保护的主体。

（2）国家公园　用于科学、教育和游览使用的、风景和自然优美的大型保护区。

（3）国家自然遗迹和标志　通常是较小的面积划定为保护具有特殊保护价值的独特地区。

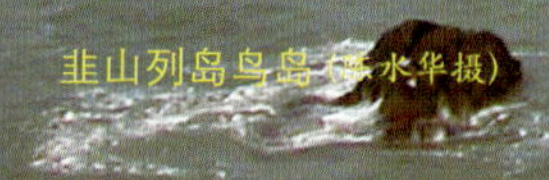

韭山列岛鸟岛（陈水华摄）

(4) 野生生物管理庇护地和自然保护区 类似于严格自然保护区，但是需要人为控制以维护群落的特性和在允许范围内有节制地获取。

(5) 景观保护区 可允许当地居民对环境进行非破坏性的利用，并为旅行和观光提供机会。

(6) 资源保护区 当地资源可在与国家政策一致的方式下进行有控制的利用。

(7) 自然生物区和人类学保护区 允许传统社会延续维护其生活方式而不受外来干扰。通常这里的居民为着他们本身的需要进行狩猎和取用资源并进行传统的农业耕作。

(8) 多重用途管理区 允许对自然资源的持续生产活动，包括水、野生生物、牲畜牧养、木材、旅游和捕鱼。一般而言，保护生物群落是与这些活动相一致的。

我国目前的各类保护区多属于上述第(1)类，并分为国家级、省级、地方级和县级自然保护区。国家级自然保护区的保护对象在全国或全球具有极高的科学、文化和经济价值，在国际上有一定影响，并经国务院批准建立。滨海类型的保护区中，有辽宁省双台河口、山东省黄河三角洲、上海市崇明东滩等属于国家级自然保护区。省级自然保护区的保护对象在省内特别典型，在科学上具有重要研究价值，在全国有一定影响，并经省级人民政府批准建立。目前有天津市石臼坨列岛、浙江省韭山列岛、上海市金山三岛，福建长乐海蚌等保护区属于省级的滨海湿地自然保护区。地方级自然保护区的保护对象在地（市）区域内具有较为重要的科学、文化和经济等价值，并经地（市）级人民政府批准建立，如辽宁长海、辽宁三山岛、福建厦门文昌鱼等自然保护区。县级自然保护区针对县内具有较为重要的科学、文化和经济等价值的保护对象，并经县级人民政府批准建立，如云南省新平县的磨盘山、福建闽南红树林、山东即墨海洋生物等自然保护区。

我国已经在滨海湿地建立了多个国家级自然保护区，囊括了各种滨海湿地类型。自北向南依次为以下几种。

迁徙季节时在鸭绿江口湿地观察到的斑尾塍鹬鸟群（章克家摄）

丹东鸭绿江口湿地自然保护区

位置：辽宁省丹东市

面积：108 100hm²

批准时间：1997 年

主管部门：国家环境保护总局

保护对象：湿地生态系统及野生动物

保护区沿 93km 长的海岸线分布，位于我国海岸线的最北端。区内鸟类资源丰富，共有鸟类 240 种，含世界濒危鸟类黑嘴鸥和斑背大尾莺 *Megalurus pryeri*，国家一级重点保护野生动物丹顶鹤、白枕鹤 *Grus vipio*、白鹤 *Grus leucogeranus*、东方白鹳等 8 种，国家二级重点保护野生动物大天鹅、白额雁 *Anser albifrons* 等 29 种。这块湿地是北迁涉禽的最后停歇地，每年 5 ~ 6 月份，是迁徙高峰季节，鸟类数量可达 40 万只以上。此外，保护区内共有高等植物 64 科 289 种，贝类 74 种，鱼类 88 种。

1999 年被湿地国际—亚太理事管理委员会正式列入东亚—澳大利亚涉禽保护网络。

辽宁双台河口自然保护区

位置：辽宁省盘山县、大洼县

面积：128 000hm^2

批准时间：1988 年

主管部门：国家林业局

保护对象：滨海湿地生态系统和野生动物，尤其是鸻鹬类、丹顶鹤和黑嘴鸥等

保护区地处渤海辽宁湾顶部双台子河入海处，拥有118km 长的海岸线。除双台子河外，这里也是大辽河、饶阳河、大凌河等 20 多条河流的入海处，地势低平，海拔 0 ～ 6.5m，有大面积的淡水沼泽、咸水沼泽、沙滩和潮间带湿地。其中芦苇沼泽面积 50 500hm^2，占保护区总面积的 39.4%；滩涂海域面积 26 100hm^2，占保护区总面积的 20.4%；河流面积为 39 250hm^2，占保护区总面积的 30.6%；其他类型湿地面积为 22 150hm^2，占保护区总面积的 9.6%。据调查，保护区内现有植物 217 种，动物 869 种，其中浮游动物 47 种、无脊椎动物 462 种、脊椎动物 407 种。这里生活着 180 多种鸟类，包括各种雁、鹳、鹤、鸥、鹭和鹰。这里也是珍稀鸟类丹顶鹤最南端的繁殖区和最北端的越冬区。

繁殖季节时在双台河口湿地拍摄到的黑嘴鸥巢（章克家摄）

双台河口自然保护区环志和佩戴旗标的黑嘴鸥（章克家摄）

辽宁蛇岛–老铁山自然保护区

位置：辽宁省大连市旅顺口区

面积：17 073hm^2

批准时间：1980 年

主管部门：国家环境保护总局

保护对象：蛇岛蝮蛇 *Agkistrodon shedaoensis*、蛇鸟特殊生态系统及候鸟

该自然保护区始建于 1958 年，由蛇岛和老铁山组成。蛇岛地处渤海湾，略呈菱形，长 1700m，宽 700m，面积 62hm^2。岛上天然岩洞、石块散布，适合蛇类藏身和休眠。草木丛生，覆盖率为 80%，有植物 200 多种，黄榆、小叶朴为优势树种，适合蝮蛇盘栖。保护区为蝮蛇栖息地，无人定居。蛇岛蝮蛇种群很大，数量近 20 000 条。这样的蛇岛全球只有两个，另一个分布在巴西。老铁山位于辽东半岛最南端，主峰海拔 465.6m，占地 4000hm^2。临海一侧，峭壁耸立，山势陡险。山上遍布灌木丛及乔木林，是东北亚大陆候鸟迁徙的主要通道之一，每年春秋两季，有 200 多种、上百万只候鸟在此停歇，其中丹顶鹤、大天鹅、鸳鸯 *Aix galcriculata* 等为国家重点保护野生动物。

蛇岛之蛇（陈水华摄）

蛇岛保护区所在地（陈水华摄）

辽宁大连斑海豹国家级自然保护区

位置： 辽宁省大连市复州湾（渤海辽东湾）

面积： 909 000hm^2

批准时间： 1997 年

主管部门： 农业部

保护对象： 斑海豹 *Phoca largha* 及其生态环境

斑海豹成体长 1.5m 左右，体重 80kg 多，头部光圆，体态肥胖，牙齿锋利，以鱼、软体动物或甲壳动物为食。它是一种冬季生殖、冰上产仔的冷水性海洋哺乳动物，属国家二级重点保护野生动物。斑海豹的分布范围较小，每年冬季经日本海游入黄海北部，12 月份穿越渤海海峡进入辽东湾进行繁殖，在我国的主要繁殖场所为北纬 40° ~ 41°，东经 121° ~ 122° 间的浮冰区。辽东湾是斑海豹在西太平洋最南端的一个繁殖区，也是在我国海域的惟一繁殖区。由于斑海豹具有较高的经济价值，长期以来，遭到过量猎杀，致使其种群数量急剧减少。另一方面，随着城市建设和辽东湾沿海地区都市化，原先斑海豹栖息地逐步缩小；滩涂养殖业的发展、油田的开采、航运事业的日益发达以及近海排污等，对斑海豹繁殖的生态环境质量也造成较大的破坏。据调查，每年来辽东湾地区栖息和繁殖的斑海豹种群数量仅 1000 只左右。大连斑海豹自然保护区的建立，对于保护斑海豹种群及其繁殖栖息地，以及保护辽东湾内其他海洋生物及水产资源具有非常重要的作用。

河北黄金海岸自然保护区

位置： 河北省昌黎县

面积： 30 000hm^2

批准时间： 1990 年

主管部门： 国家海洋局

保护对象： 沿岸自然景观、所在陆地海域的生态环境、沿海生态系统

海岸沙丘是河北黄金海岸自然保护区最主要的自然景观，沙丘最高点达 45m。远眺沙丘，连绵起伏，十分壮观，因而有“黄金海岸”之称，是研究海洋动力学和海陆变迁的重要场所。海岸线内侧有一道宽 800m 的人工林带，其中夹杂着成片的野生植被，其间还有一处连绵不断，高 20 ~ 40m 的沙丘，是我国北方滨海湿地上少有的沙丘森林。在其东侧是连绵 30km 的宽敞海滩。

保护区地处东亚－澳大利西亚迁徙路线，已记录到鸥类、鸭类、鹬类等湿地鸟类 168 种，并且是黑嘴鸥的主要栖息、繁殖地之一。海洋生物种类较多，有桡足类浮游动物 53 种，浅海底栖动物 150 余种，游泳生物 78 种。其中，文昌鱼 *Branchiostoma belcheri* 是国家二级重点保护动物，典型的脊索动物，即无脊椎动物到脊椎动物的过渡类型，被誉为“活化石”，在学术研究上具有重要价值。

天津古海岸与湿地自然保护区

位置：天津宁河、大港、津南区

面积：15 400hm^2

批准时间：1992 年

主管部门：国家海洋局

保护对象：贝壳堤、牡蛎滩古海岸遗迹和七里海湿地生态系统及各种动植物

遗　鸥（何芬奇摄）

生物海岸是一类特殊的海岸类型，各种生物堆积体是沧海桑田的真实记录。天津滨海平原东部地区，分布有 4 道基本平行于现代海岸的贝壳堤，由潮汐、风浪将近海海底贝壳搬运堆积而成。贝壳堤自西向东（即由陆向海）依次分别称为第Ⅳ道～第Ⅰ道贝壳堤，形成的年代为距今 5000 ～ 500 年间。该贝壳堤与美国路易斯安那州贝壳堤、南美苏里南贝壳堤并称为世界著名三大贝壳堤。

天津海河以北的宁河、宝坻县境内，潮白河与蓟运河下游是牡蛎滩集中发育地区，牡蛎滩基本属于潮下带、半咸水泻湖——河口环境的生物堆积体，形成于距今 7000 ～ 3000 年间。牡蛎滩由长重蛎和近江重蛎组成，剖面堆积层次清晰，厚达 5m。在西太平洋各边缘滨海平原实属罕见，其堆积掩埋的过程反映了该地区的海陆变迁史。

在宁河县西南部有一个典型的泻湖——七里海，面积约 850hm^2，距渤海约 15km，是在 7000 年前的古海湾基础上逐渐演化而成的古泻湖型湿地，现在已经演变为以芦苇群落为主的盐沼湿地。泻湖东北端有一长 2km、宽 200 ～ 400m 的新开口潮汐通道与海相通。过去，海洋生物洄游到七里海产卵繁衍，现在由于筑堤、建闸使通道变窄，海洋生物洄游已受到影响。

保护区在海洋、第四纪地质、古气候、古环境的研究领域占有重要位置。建立保护区，保护这些不能再生的地质景观，对于揭示天津滨海平原的成陆史，研究天津及我国东南沿海海陆变迁和古地理、古气候、海洋生态、海平面变化以及新兴构造运动都具有重要的意义和科学价值。

保护区内发育有泻湖湿地、盐滩湿地、滩涂湿地、河滩湿地等，其中有水面 23 000hm^2，芦苇 12 000hm^2。鸟类约 100 种，哺乳类动物 9 种，爬行类动物 9 种，两栖类动物 4 种，鱼类 13 种，甲壳类 3 种，软体类 4 种，环节类 2 种，昆虫类 14 种；植物种类计 46 科 121 属 196 种。近年，在该保护区还发现了国家一级重点保护动物遗鸥 *Larus relictus*、东方白鹳和白尾海雕 *Haliaeetus albicilla*，以及多种国家二级重点保护的鸟类，是中国南北地区，乃至亚太地区候鸟迁徙路线的重要停歇地。

凤头蜂鹰 *Pernis ptilorhynchus*
（王吉衣摄）

山东长岛自然保护区

位置： 山东省长岛县
面积： [illegible]hm²
批准时间： 1988 年
主管部门： 国家林业局
保护对象： 鹰、隼等猛禽及候鸟栖息地，斑海豹洄游路线

保护区主要由庙岛群岛组成，即南北长山岛、南北隍城岛、大小黑山岛、大小钦岛和庙岛、高山岛、候矶岛、轴岛等 32 个岛屿，是我国典型的以海岛形式存在的基岩质滨海湿地。岛屿南北纵贯 95km，海岸线总长 146km。大多数岛屿上的丘陵呈南北走向，部分为东西走向，最高山丘海拔 202.8m。

长岛及其所在海域属亚洲东部季风区大陆性气候，森林覆盖率为岛屿面积的 53.2%。保护区内生境极其丰富，包括了低丘陵、基岩质湿地、近海水域等，独特的地理位置和优越的自然条件使之成为候鸟迁徙的必经之地，每年途经的候鸟有 200 余种，百万只之多。长岛从 1984 年就已开始进行鸟类环志工作，以环志猛禽为主。

长岛也是斑海豹洄游路线上的必经之处。每年 3 ~ 6 月，经历过繁殖期的斑海豹成群结队出现在长岛附近，因此，斑海豹也被列为该保护区的保护对象之一。

此外，大小黑山岛是蛇的王国，岛上繁衍生栖着剧毒腹蛇 10 000 多条，是我国的第二大蛇岛。保护区共有树木 85 种，浅海植物 79 种，浅海动物 91 种，海洋鱼类 72 种。

山东黄河三角洲自然保护区

位置：山东省东营市

面积：153 000hm^2

批准时间：1992 年

主管部门：国家林业局

保护对象：滨海湿地生态系统和鸟类

黄河三角洲地处黄河入海口，是黄河携带的大量泥沙在河口沉积所形成，为全国最大的三角洲，也是我国温带最广阔、最完整、最年轻的湿地。黄河是一条善淤、善决、善徙的河流，多年平均（1950 ~ 2000 年）入海水量为 335 亿 m^3，多年平均入海沙量高达 8.49 亿吨，多年平均含沙量为 25.4kg/m^3，为世界之最。1953 年后，人为加强了对河口改道的控制，尾闾河道摆动范围较小，河口延伸速度较快，年平均延伸速率在 2000m/ 年以上，以此生成了非常可观的新生土地。但是，随着来水来沙的减少，河口延伸与造陆速率均大幅减少，一些海岸出现了严重的蚀退。

本保护区属温带季风气候，湿地植被以芦苇群落为主，天然芦苇 33 000hm^2、天然杂草地 18 000hm^2，天然柳林 2000hm^2，天然柽柳灌木林 8100hm^2，人工刺槐林 5600hm^2。据调查，保护区内高等植物有 116 种，海洋生物有 800 多种，鸟类有 187 种，其中属国家重点保护的鸟类有丹顶鹤、白头鹤、东方白鹳、金雕 *Aquila chrysaetos*、大鸨 *Otis tarda*、大天鹅、小天鹅 *Cygnus columbianus*、灰鹤 *Grus grus* 等 32 种，是东北亚内陆和环太平洋鸟类迁徙的重要停歇地和越冬地。1994 年被湿地国际—亚太理事管理委员会正式列入东亚—澳大利亚涉禽保护网络。1997 年被批准加入“东北亚鹤类保护区网络”。

芦苇群落（韦克家摄）

江苏盐城自然保护区

位置：江苏省盐城沿海

面积：453 000hm^2

批准时间：1992 年

主管部门：国家环境保护总局

保护对象：滩涂湿地生态系统和以丹顶鹤为代表的多种珍禽

保护区属海积冲积平原海岸，是由长江口和废黄河三角洲两股泥沙流与外海波浪长期相互作用形成的巨大辐射沙洲。在两股泥沙相汇的东台、大丰沿海一带，滩涂增长快，年均向海延伸 0.5 ~ 1.0km，滩面 5 ~ 10cm，年成陆面积约 667hm^2，沿海滩涂长达 444km，为淤泥质平原海岸的典型代表。区内地形平坦宽阔，其中散布着众多港汊，沼泽湿地发育。鸟类有 315 种，其中属国家一级重点保护的 9 种，二级重点保护的 33 种。每年在此越冬的丹顶鹤有 800 只左右，为全世界最大的丹顶鹤越冬地，也是国际濒危物种黑嘴鸥的重要繁殖地。1999 年被湿地国际—亚太理事管理委员会正式列入东亚—澳大利亚涉禽保护网络。1996 年被批准加入“东北亚鹤类保护区网络”。此外，保护区潮间带水生动物有 198 种，其中环节动物 53 种，软体动物 87 种，甲壳动物 42 种，其他门动物 16 种。鱼类有 150 多种，其中软骨鱼 20 多种、硬骨鱼 130 多种。海洋兽类中鲸类有江豚 *Neophocaena phocaenoides*、伪虎鲸 *Pseudorca crassidens*、宽吻海豚 *Tursiops truncatus*、太平洋短吻海豚 *Lagenorhynchus obliquidens*、长须鲸 *Balaenoptera physalus* 等 6 种，鳍脚类有北海狮 *Eumetopias jubata*、斑海豹、环海豹 *Pusa hispida* 等 3 种，其中环海豹为我国首次记录种。保护区内还分布着国家二级重点保护野生动物河麂 *Hydrdpotes inermis*，数量之多为全国之最。

丹顶鹤在我国是吉祥长寿的象征，它们现在也面临着栖息地减少的困境。盐城自然保护区是它们最主要的越冬栖息地（王吉衣摄）

江苏大丰麋鹿自然保护区

位置：江苏省大丰市

面积：78 000hm^2

批准时间：1997 年

主管部门：国家林业局

保护对象：麋鹿 *Elaphurus davidianus* 及其栖息地

保护区拥有大面积的林地和盐沼湿地，动、植物资源丰富，维管束植物有 499 种，兽类 12 种（包括麋鹿），鸟类 315 种，两栖和爬行类动物 27 种，鱼类 150 种，棘皮动物 10 种，环节动物 62 种，腔肠动物 8 种，浮游动物 98 种，具有典型的沿海滩涂湿地生态系统及其生物多样性。

鹿王涂泥

麋鹿原产中国，是我国特有的鹿科动物，民间称之为“四不像”。但是，由于过度捕杀加上栖息地受到破坏，至清代，全球惟一的麋鹿种群仅在皇家猎苑里生存，并且尚未被世人所知。1866 年，才由法国博物学家爱尔温·大卫命名。1900 年，这群麋鹿被八国联军尽数送至英国，中国从此没有麋鹿个体。英国十一世贝福特公爵为麋鹿在英国的豢养和繁殖做出了很大的贡献，乌邦寺庄园里的麋鹿从 18 头增加至 255 头。到 1983 年底，全世界的麋鹿已达 1320 头，均为乌邦寺庄园 18 头麋鹿的后代。1986 年 8 月，林业部和世界野生生物基金会（WWF）合作，从英国伦敦引种 39 头麋鹿到保护区，经过 10 多年的努力，麋鹿数量已达 819 头，占全世界现有麋鹿总量近 1/3，成为世界上最大的麋鹿种群。1998 年和 2002 年，大丰麋鹿自然保护区先后 2 次将 14 头麋鹿野生放养并取得了成功（野外产仔）。现在野外存活的麋鹿已经达到 52 头。麋鹿的回归引种、人工驯养繁殖和野化取得了重大进展。

麋鹿游泳

大丰湿地（张曼胤摄）

崇明东滩湿地是亚太候鸟南北迁徙通道上的重要驿站（章克家摄）

上海崇明东滩鸟类自然保护区

位置：上海市崇明岛东端

面积：24 155hm^2

批准时间：2005 年

主管部门：国家林业局

保护对象：迁徙鸻鹬类和越冬雁鸭类以及其他珍稀鸟类

保护区位于长江入海口，祖国第三大岛崇明岛的最东端，处于具有国际重要意义生态敏感区——长江河口与东海形成"T"型结合部的核心部位，为亚太候鸟南北迁徙的重要通道。崇明东滩是目前长江口地区最大的盐沼湿地之一，以芦苇群落、互花米草群落和海三棱藨草群落为主，滩涂平坦辽阔，潮沟纵横交错，是迁徙于南北半球之间的国际性候鸟途中停歇、补充能量的重要驿站，也是我国东部沿海的重要水禽越冬地。崇明东滩有记录的鸟类达 267 种，国家重点保护鸟类 47 种，仅越冬的候鸟就有 80 多种，数量达 200 万～300 万只。1999 年 7 月，湿地国际亚太组织已正式接纳崇明东滩为“东亚—澳大利亚涉禽保护网络”成员单位。《中国生物多样性行动计划》确认该保护区为具有国际意义的二级湿地生态系统类型，并已达到国际重要湿地的标准，2002 年 1 月被《湿地公约》秘书处正式列入国际重要湿地名录，使崇明东滩成为我国致力于全球湿地和迁徙水鸟保护的重要湿地。

九段沙湿地自然保护区

位置：长江口九段沙

面积：45 000hm^2

批准时间：2005 年

主管部门：国家环境保护总局

保护对象：新生河口沙洲湿地及其生物资源

九段沙是长江口的新生沙洲湿地，其成陆始于 20 世纪 70 年代，之前一直处于快速变化的不稳定状态。该湿地位于南、北槽分界，长江口深水航道的南沿，浦东国际机场的东北侧，目前尚无人居住。九段沙湿地自然保护区涵盖了江亚南沙、上沙、中沙、下沙等 4 个沙体，它东向东海，西接长江，西南与西北分别与浦东、横沙岛隔水相望。在保护区建立之前，为了降低新建的浦东国际机场鸟击风险，补偿因建造机场而占用的边滩湿地，1997 年在九段沙中沙开展了种青促淤引鸟生态工程，种植了芦苇 40hm^2，互花米草 47hm^2，种青高程为 2.5m 以上（当时中沙 2.5m 以上高程的面积约为 270hm^2），增强了这片沙洲湿地的稳定性。浦东国际机场开航后，鸟击及征候记录大大低于国际民航组织关于新建机场的相关标准。九段沙湿地是长江与近海之间鱼类洄游路线的必经之处，在九段沙已发现 14 种珍稀水生哺乳类动物，其中白鳍豚 *Lipotes vexillifer* 和中华白海豚 *Sousa chinensis* 为国家一级重点保护野生动物；已记录到的鸟类有 113 种，其中 12 种为国家二级重点保护野生动物。

九段沙上留有大片未受干扰的海三棱藨草群落（刘文亮摄）

浙江南麂列岛自然保护区

位置：浙江省平阳县

面积：20 160hm^2

批准时间：1990 年

主管部门：国家海洋局

保护对象：海洋贝藻类及其生境

南麂列岛是海洋生物资源的宝库，位于温州市平阳县鳌江口外 30 海里的东海海面上，由大小 23 个岛屿组成，海岸线长 32km，基本上是基岩质海岸。基岩裸露，常见陡崖峭壁。岸线形态曲折，多岬角、岛屿和海湾。海蚀地貌发育，有海蚀崖、海蚀柱、海蚀洞、海蚀平台等。地处台湾暖流与江浙沿岸流交汇和交替消涨的海区，属亚热带海洋季风气候。海洋生物物种繁多，区系成分复杂，自然生态系统保存良好。鱼类繁多，已知有 368 种，经济价值较大的鱼类约占 1/3；甲壳动物中，已知虾类有 79 种，蟹类 118 种；已鉴定的海洋贝类有 403 种，其中 19 种为国内首次记录；海洋底栖藻类有 174 种，其中黑叶马尾藻 *Sargassum nigrifoloides* 为世界海洋藻类的新种；贝藻类种数约占全国的 29% 以上。本区的贝藻类不仅种类丰富，而且还具有温、热带两种区系特征和地域上的断裂分布现象，是我国近海贝藻类的一个重要基因库，这带海域成为海洋生物栖息生长的良好场所。保护区内还有陆源种子植物 317 种，其中 10 种在浙江是新纪录种类，沙生植物 26 种，是浙江沿海沙生植物的主要分布区。在保护区的大擂山和竹屿岛上还有成片的野生水仙花分布，水仙花原产地中海，因此，这片野生水仙花是非常独特的。

南麂列岛的海蚀地貌发育。图为著名景点“猴子拜观音”（何文珊摄）

福建厦门珍稀海洋物种自然保护区

位置：福建省厦门市

面积：33088hm^2

批准时间：2000 年

主管部门：国家海洋局

保护对象：珍稀海洋生物及湿地鹭鸟

保护区由福建省人民政府 1995 年批准建立的厦门白鹭省级自然保护区、1997 年批准建立的厦门中华白海豚省级自然保护区和厦门市人民政府 1991 年批准建立的厦门文昌鱼市级保护区合并而成，是一个以中华白海豚、文昌鱼等珍稀海洋生物及黄嘴白鹭等鸟类为主要保护对象的自然保护区。

中华白海豚列为国家一级重点保护野生动物，是生活在海湾及河口的小型齿鲸动物，对海洋水质环境十分敏感，被科学家视为衡量海洋生态环境的活指标。在国内仅分布于珠江口海域、厦门沿海和广西北海。在福建厦门珍稀海洋物种自然保护区，仅 40 头中华白海豚有确切记录，该种群的个体数量估计不足 100 头。

文昌鱼为国家二级重点保护动物，它是脊索动物的代表类群，被认为是脊椎动物的祖先，素有“活化石”之称。文昌鱼形似小鱼，身体扁长，两端尖细，活像一条小扁担，体长仅有 4 ~ 5cm，呈半透明。当地渔民称之为“薪担狗”、“无头鱼”、“鳄鱼虫”。文昌鱼生长在动力条件较弱并具有平坦沙滩的内海浅湾。幼鱼生活在泥、沙交界的细沙中。成体则经常随着潮水游到江河汇合的浅海海底，营底埋生活。厦门刘五店海区曾以盛产厦门文昌鱼而著名，并曾形成渔汛，年产量最高时达到 282 吨（1993 年），为世界其他海区所罕见。由于文昌鱼的繁殖和生长对底质、盐度、水温、动力条件等有较高的要求，因此其生境很容易被破坏，刘五店海区到了 20 世纪 80 年代以后已不能形成渔场，文昌鱼也随之成为需要保护的动物。

此外，保护区内大屿岛、鸡屿等岛屿上还分布有黄嘴白鹭、岩鹭 *Egretta sacra*、白鹭 *Egretta garzetta*、小杓鹬 *Numenius minutus* 等 10 种滨海鸟类，数量近 30000 只，是黄嘴白鹭的模式种产地。白鹭已列选为厦门市鸟。

福建深沪湾海底古森林遗迹自然保护区

位置：福建省晋江县

面积：2700hm^2

批准时间：1992 年

主管部门：国家海洋局

保护对象：海底古森林、牡蛎礁遗迹、海蚀变质岩等

保护区濒临台湾海峡，处于深沪－金井地堑断陷带，地理结构奇特。区内有埋藏于潮间带经历 7000 ~ 8000 年历史的油杉树，分布区长约 400m，宽约 50m，出露株数达 20 余株，是目前我国发现的惟一海底古森林遗迹，并且与大片 9000 多年前形成的牡蛎礁在同一滩面上，在世界上也极为罕见。此外，区内还发现了距今约 80 万年的旧石器人类活动遗迹，这是我国东南沿海地区发现的最古老的人类活动遗迹。典型的海蚀红土陵岩、卵石油滩岩和现代堆积中的细沙丘；还有可展示古生代、中生代、新生代等漫长地质历史演变的独特、典型、出露良好、多种多样的海蚀变质岩。保护区为研究古海洋、古地理、古气候、古植物，研究台湾海峡地质构造与海平面升降运动及太平洋地质板块运动，研究泉州古港海外交通史提供了可靠的科学依据。

夜里爬上沙滩的海龟
（何文珊摄）

广东惠东港口海龟自然保护区

位置：广东省惠东县
面积：400hm²
批准时间：1992 年
主管部门：农业部
保护对象：海龟及其产卵繁殖地

保护区属亚热带海洋性气候，地处大亚湾与红海湾交界处，东北西三面环山，南面濒海，为一东西长 1000m，南北宽 70m 的沙滩带，近岸水深 10 ～ 15m，海底平坦，饵料丰富，是海龟的传统产卵场，也是南海北部大陆沿岸惟一的绿海龟 *Chelonia mydas* 按期成批的洄游产卵场。

绿海龟产卵场主要集中在南海群岛、海南、广东沿海和福建东部沿海部分岛屿。每年 6 ～ 9 月，保护区便有成群的绿海龟洄游来此，上岸产卵。雌龟通常在夜间爬上沙滩，在不被水淹的高潮线以上，找到适合地点，挖出一个宽大的坑，才开始产卵，每次产卵 50 ～ 200 枚。龟卵在温暖潮湿的沙滩里自然孵化，经过 49 ～ 60 天，幼海龟便会破壳钻出沙来，返回大海。虽然成龟在海洋中几乎没有天敌，但是幼龟却非常容易被沙蟹和海鸟等生物所捕食，估计从孵化到幼龟回到大海，存活率约为 0.1%。目前世界上仅存 7 种海龟，我国有 2 科 5 属 5 种，在惠东港口海龟自然保护区都有分布，其中绿海龟数量最多，已列为国家二级重点保护野生动物。其他海龟则更加珍稀。

广东内伶仃－福田自然保护区

位置：广东省深圳市

面积：864hm^2

批准时间：1988 年

主管部门：国家林业局

保护对象：红树林生态系统与猕猴 *Macaca mulatta* 等野生动物

保护区由内伶仃岛和福田红树林两部分组成，是现有国家级自然保护区中面积最小的一个。内伶仃岛位于珠江口伶仃洋的东侧海域中，四周就是珠江口经济圈，有深圳、珠海、香港、澳门等经济发展迅速的城市。全岛陆地面积 447.8hm^2，地势东高西低，山峦起伏，峭壁峥嵘，最高点尖峰海拔 340.9m。岛上植物茂密，植被覆盖度达 80% 以上；11km 长的海岸线上，沙滩蜿蜒曲折。内伶仃岛受南亚热带季风气候控制，山上林海相连，植物繁茂，栖息着国家重点保护野生动物猕猴、穿山甲 *Manis pentadactyla*、蟒蛇 *Python molurus*、虎纹蛙 *Rana rugulosa* 等。特别是猕猴，共有 10 群 300 余只。此外，内伶仃岛周围水域也是中华白海豚在珠江口水域出没频率最高的两个地方之一，一般在冬季以大规模群体出现，可能与这里人迹罕见且饵料丰富有关。

福田红树林紧靠深圳市区，沿海岸线长 11km，面积 304.4 hm^2，内有高等植物 90 多种，其中红树植物（真红树、半红树）有 13 科 18 种，是我国南方仅存大面积自然生长的红树林群落之一。在保护自然红树林的基础上，保护区也积极开展了红树林引种、恢复工作。生长在海滩上的红树林，既是防风固沙、防波保堤的海上森林，又是迁徙鸟类和海洋生物栖息、繁衍的良好场所。福田红树林与香港后海湾一起构筑了深圳湾的候鸟栖息生境，这里约有鸟类 256 种，冬季鸟类数量高峰时期，这里聚集的各种鸟类数量达 10 万只以上。

广东湛江红树林自然保护区

位置：广东省廉江县

面积：20 000hm^2

批准时间：1997 年

主管部门：国家林业局

保护对象：红树林生态系统

保护区主体为广东省雷州半岛沿海滩涂，受热带海洋气候的影响。红树林面积超过 7700hm^2，占全国红树林总面积的 33%，有红树植物有 12 科 16 属 17 种，是我国大陆沿海红树植物种类最多的一个地区。湛江红树林树种从外海滩到内陆按规律分布，依次大致是白骨壤、桐花树、秋茄、红海榄、木榄、榄李、角果木、卤蕨、老鼠簕、海漆、假茉莉、黄槿，其中，白骨壤、桐花树和秋茄是红树林生态系统的先锋树种。

海生及林内动物丰富，生态系统较为稳定，是南中国沿海濒危鸟类的一个重要栖息繁衍地，也是往返西伯利亚和澳大利亚的候鸟迁徙必经停歇地。据初步调查，有鸟类 192 种。红树林区内有鱼类 58 科 127 种；贝类 38 科 110 种，有 2 种（皱肋文蛤 *Meretrix lyrata*、鼬耳螺 *Cassidula nucleus*）在我国大陆沿海为首次记录。

红树林湿地（崔丽娟摄）

广西山口红树林自然保护区

位置：广西壮族自治区合浦县
面积：8000hm^2
批准时间：2000 年
主管部门：国家海洋局
保护对象：红树林生态系统

保护区地处沙田半岛的沿海滩涂地带，属南亚热带湿润气候。保护区海岸线总和长 50km，红树林 700hm^2，宜林滩涂 3000hm^2。区内分布着发育良好、结构典型、连片较大、保存较完整的天然红树林，有红海榄、木榄、秋茄、桐花树等 12 种红树植物，其中连片的、具有百年树龄的红海榄纯林和高大通直的木榄在我国已是罕见。保护区内还有浮游植物 96 种，底栖硅藻 158 种。红树林及外侧海域还栖息着多种海洋生物和鸟类，其中，鱼类 82 种，贝类 90 种，甲壳动物（虾类、蟹类）61 种，鸟类 132 种，昆虫 258 种，其他动物 26 种。儒艮 *Dugong dugon*、中华白海豚、文昌鱼、中国鲎 *Tachpleus tridentatus*、黑脸琵鹭、黑嘴鸥等是在保护区内栖息的濒危野生动物，红树林外是具有“南珠”美誉的马氏珠母贝 *Pinctada martensii* 的养殖区。

广西山口红树林自然保护区于 2000 年 1 月加入联合国教科文组织世界生物圈，[illegible]年被列入国际重要湿地。

山口红树林自然保护区内的红海榄林（何文珊摄）

广西合浦营盘港－英罗港儒艮自然保护区

位置：广西壮族自治区合浦县

面积：35 000hm^2

批准时间：1992 年

主管部门：国家环境保护总局

保护对象：儒艮及其栖息地

保护区地处我国海岸线的西南部，南濒北部湾，比邻山口红树林自然保护区。区内水质良好，水下有众多潮流脊与潮流深槽及潮间浅滩，海草繁茂，是我国儒艮活动的密集区域，也是我国惟一的国家级儒艮自然保护区。

儒艮也叫海牛、美人鱼，是生活在热带浅海中的水生哺乳动物，是世界上最古老的海洋动物之一，也是海洋中罕见的植食性动物，以二药藻、喜盐草等海草为主食，因此海草床是儒艮的最主要觅食地。目前世界上仅有 5 个儒艮种群，主要分布在非洲东南部、马来西亚、菲律宾巴拉望岛、澳大利亚以北的班达海、琉球群岛及太平洋的其他热带岛屿周围。在我国主要分布在北部湾的广西沿海，尤以合浦和北海附近海域较为集中。近海养殖和捕捞对海草床的破坏以及儒艮自身的生理弱点，使儒艮已成为目前海洋生物中最濒危物种之一。

海南三亚珊瑚礁自然保护区

位置：海南省三亚市

面积：8500hm^2

批准时间：1989 年

主管部门：国家海洋局

保护对象：造礁珊瑚、非造礁珊瑚、珊瑚礁及其生态系统和生物多样性

保护区属珊瑚礁海岸，位于天然海湾内，以鹿回头、大东海海域为主，包括亚龙湾、野猪岛海域，以及三亚湾东西瑁岛海域，是我国惟一的国家级珊瑚礁自然保护区。

保护区内珊瑚种类繁多，已查明有 115 种（包括 5 个亚种）造礁珊瑚，分别属于 13 科 33 属 2 亚属 87 种。还有在成礁建造中有积极意义的苍珊瑚、笙珊瑚、多孔螅和多种非造礁珊瑚——软珊瑚、柳珊瑚和与珊瑚礁生态系统共栖和密切依赖的其他丰富多样的海洋生物。造礁珊瑚生长较密集，分布面积大，从 2 ~ 3m 到 50m 水深均可观察到大片珊瑚礁，斑斓绚丽，色彩纷呈。珊瑚种类、面积均列为海南省之冠。这里也是迄今保持近原始状态最好、破坏最小的地区。

珊瑚礁生态系统的生物量较大，各种浮游生物、底栖生物、游泳动物在珊瑚礁区摄食索饵。珊瑚礁区为许多珍贵优质鱼类提供了良好的生长、发育、繁殖场所。仅在鹿回头发现贝类 300 多种，海化石 300 多种，种类之多居全国之冠。

北仑河口自然保护区内的原始红树林
（何文珊摄）

广西北仑河口自然保护区

位置：广西壮族自治区防城港市

面积：11927hm^2

批准时间：2000 年

主管部门：国家海洋局

保护对象：红树林生态系统

保护区位于南亚热带海洋性季风气候区，背靠十万大山，面向北部湾，拥有 105km 海岸线，6% 为沙质海岸，15% 为淤泥质海岸，19% 为基岩海岸，60% 为人工海岸。区内分布有面积较大、连片生长的红树林，红树植物有 10 科 13 种，形成 12 种红树林群落，其中连片木榄纯林、大面积老鼠簕纯林群落以及最新发现的野生银叶树种群为国内罕见。现有红树林共 1131.3hm^2，其中 95.58% 生长在珍珠港内。本区的滩涂和沿海渔业资源丰富，鱼类有 27 种，大型底栖动物有 84 种。保护区位于亚洲东部沿海和中西伯利亚－中国中部这两条鸟类迁飞路线的交汇区，是候鸟的重要繁殖地和迁徙停歇地，在此已观察到的鸟类有 128 种，其中有 13 种属国家二级重点保护动物。

北仑河位于保护区西端，该河口是我国大陆最西南端的一个入海河口，也是我国和越南之间的界河河口。北仑河口东北沿岸为我国东兴市，西南沿岸即为越南的海宁省芒街所辖区。两国分界线以北仑河主航道中心线为界。历史上因不合理的开发利用使本区的原生红树林损失 66% 左右，导致北仑河主航道偏移和我国国土的流失。因此，保护区的建立不仅在保护生物多样性方面具有重要意义，对防止国土流失、保护领土和领海权益也具有非常重要的战略意义。

海南大洲岛自然保护区

位置：海南省万宁市

面积：7000hm^2

批准时间：1990 年

主管部门：国家海洋局

保护对象：戈氏金丝燕 *Collocalia germani* 及海洋生态系统

保护区的陆域面积 420hm^2，海域面积 6580hm^2，位于万宁市东南的浩瀚南海上。大洲岛有 2 岛 3 峰，最高峰 289m，是海南省沿海最大的岛屿，是通往东南亚国家的必经要道，是我国唐宋以来一直沿用的航海标志。大洲岛属热带海洋性气候，岛上峰峦耸翠，怪石嶙峋，金丝燕就在危崖险洞中筑巢，是我国仅存的金丝燕的常年栖息地，而临近海水中丰富的藻类、鱼类就是金丝燕的主要饵料。

戈氏金丝燕是少数几种出产燕窝的燕种之一。燕窝是金丝燕在繁殖季节吐唾而成，被东南亚国家广泛视作名贵的滋补品，其高昂的价格引发了掠夺性采摘，对金丝燕种群及其栖息地造成破坏。该保护区的建立，对保护和恢复金丝燕种群有着重要意义。

万　宁（何文珊摄）

正在水边悠闲觅食的白琵鹭（王吉衣摄）

海南东寨港自然保护区

位置：海南岛省琼山县

面积：3337hm²

批准时间：1986 年

主管部门：国家林业局

保护对象：红树林生态系统

是我国建立最早的红树林自然保护区，绵延 50km，面积超过 4000hm²，是我国面积最大的红树林。全球红树树种约 40 多种，我国分布有 24 种，而东寨港的自然分布就有 19 种。东寨港是我国最早开展红树林引种和恢复试验的地方之一，海南岛是我国红树林种类最多的地方，东寨港自然保护区把岛内有而本区没有的红树植物种类如红树、木果楝、海南海桑、杯萼海桑、大叶海桑、银叶树、瓶花木、红榄李、杨叶肖槿等都引种和移地保护于港区内，并成功引种孟加拉国的无瓣海桑 *Sonneratia apetala*，该树种速生快长，树型高大，目前已经成为常用于我国海岸带滩涂和河口地带红树林生态恢复的工程树种。此外，还在退化次生的桐花灌丛中直接引进乔木种苗进行改造和营造小面积红树林，使东寨港自然保护区成为我国目前红树林树种最丰富的地方。

在保护区内记录到底栖生物 152 种，鸟类 159 种，其中有国家二级重点保护鸟类黑脸琵鹭、黄嘴白鹭、白琵鹭、黑嘴鸥、海南鳽 *Gorsachius magnificus* 等。

香港米埔湿地保护区与后海湾内湾

位置：香港新界

面积：300hm²

保护对象：红树林生态系统及其生物多样性

保护区是香港第一个、也是最重要的一个湿地自然保护区，建于 1973 年。1976 年，香港政府把米埔列为“具有特殊科学价值的地点”。1984 年，世界自然基金会开始接手管理米埔保护区，推行环境教育及保护工作。1995 年，香港政府把米埔剩余的土地拨归世界自然基金会（香港）管理，同时，后海湾内湾及米埔湿地（共 1500hm²）被《湿地公约》列入“国际重要湿地”名录。

米埔湿地面积不大，但是，在高楼耸立、经济发展迅速且寸土寸金的珠江口地区，保存如此完好的红树林湿地实属不易。米埔湿地与福田红树林湿地隔水相望，是华南地区仅存的几处自然红树林之一。除了红树林外，这片湿地还包括了泥滩、芦苇丛、基围和鱼塘等生境，其中，面积达 46hm² 的芦苇群落是华南地区最大的芦苇群落，记录到近 400 种昆虫。由于生境的多样性，无论涨潮还是落潮，鸟类都有相当面积的适宜栖息地，因此这里已经成为候鸟（特别是水禽）的主要越冬地和觅食地。每年冬季有 50 000 ~ 60 000 只候鸟在该湿地越冬，包括黑脸琵鹭、黑嘴鸥、花脸鸭 *Anas formosa*、青头潜鸭 *Aythya baeri* 及卷羽鹈鹕 *Pelecanus crispus* 等濒危物种。该湿地也为成千上万只春秋季节在俄罗斯和大洋洲之间迁徙的鸻鹬类鸟提供了重要的停歇地，其中包括濒危物种小青脚鹬等。

基围是米埔湿地的重要特色，这一传统渔业生产方式在保护区内除了示范生态渔业方式外，还为鸟类提供了栖息、觅食的生境。目前，香港地区基围仅存此处。虽然米埔湿地面积较小，但是，包括红树林在内的滨海湿地生态系统具有很高的生物多样性和生态服务功能，并通过科学的管理，发挥至最大化。

基围是黑脸琵鹭在米埔越冬期间的重要栖息地选择之一（章克家摄）

2. 多种保护形式形成可持续性的保护网络

自然保护区以绝对保护为主的保护方式，在过去的几十年里，各级（国家级、省级、县级、市级、市州级）滨海湿地自然保护区的建立和运行中，有效地保护了我国的典型滨海湿地类型和重要的生物类群，并形成了滨海湿地的保护网络。但是多数保护区面积有限，基本的保护和管理措施有待改进，生态旅游等相关产业滞后，难以保障自然保护区自身的健康发展。而滨海湿地是我国经济最发达、城市化程度最高的区域，对滨海湿地的研究和认知是与经济发展同步进行的，许多物种和生态服务功能还有待做进一步的确认和评估，因此相关的保育措施极有可能缓于区域开发的步伐。在这种情况下，继续依赖自然保护区的方式进行生态恢复将不能满足实际的需求，并且可能不利于解决生态保育与原住民生计之间的矛盾，长此以往，也会对自然保护区的管理和发展造成被动的影响。目前，我国的多个滨海湿地自然保护区都已经开始尝试主动的保护策略（如引种、营造人工林或湿地补偿等），逐步转变成为IUCN标准中的野生动物管理庇护地，而米埔湿地保护区在这方面提供了有益的示范。

对滨海湿地的保护应该是多种途径的，并且要兼顾生物多样性保育与生态服务功能增强两方面，以形成可持续性的生态保育格局。

湿地公园　是我国近年来出现的新型的湿地保育措施。其性质与IUCN所制定的景观保护区类似。

目前我国已经建成的以滨海湿地为主体或毗邻滨海湿地的湿地公园有山东省东营市明月湖国家城市湿地公园和荣成市桑沟湾城市湿地公园等。正在设计或建设的滨海湿地公园还有多处，如崇明东滩国际湿地公园和珠江口南沙湿地公园。

湿地公园应该是一个以湿地为主体的主题公园（何文珊摄）

湿地的生态修复与重建

我国滨海湿地地处东部、南部沿海，受到人为活动的广泛干扰，除了面积受到影响外，现存湿地都面临不同程度的生态退化。因此，生态恢复是目前滨海湿地研究与保育中的重点。

1. 湿地生态恢复中的关键种识别

在对湿地进行保育或恢复之前，有必要进行关键种的识别，以进行有针对性的恢复工作。所谓关键种，就是在那些活动或多度对群落组成、生态系统功能过程和群落的演替方向等具有比其他物种更重要作用的物种。它们的缺失常常会导致湿地的退化或湿地环境的恶化，或导致某些重要物种（如濒危物种）的丧失。对各个营养级上的优势物种的重要性判别成了关键种识别的主要手段。由于同一物种在不同湿地，或同一湿地的不同演替阶段中起的作用不同，因此，关键种识别需要因地制宜，因时而宜。

通常，在盐沼湿地和红树林生态系统中，先锋物种的数量和质量对演替、物质循环、能量流动过程具有关键意义，因此常常被视作该湿地的关键种。如长江口滨海湿地的，海三棱藨草，是潮滩上的先锋物种，也是所在生态系统的关键种。它能保持滩涂的稳定性，为底栖动物和水鸟提供适宜栖息地，此外还有较强的环境净化功能，如在长江口的九段沙湿地，海三棱藨草带拦截的泥沙量达 298g/m^2，藨草带为 40 g/m^2，每年可分别使滩面增高 0.12m 和 0.02m。如果植株有足够的高度而其顶部不被淹没，其削弱波浪能量的能力就越大，波浪进入这样的海三棱藨草带 50m 左右，会完全消失。由于风力、水流流速在海三棱藨草群落中被显著削弱，并且海三棱藨草的高度、地上部分生物量和密度均沿着高程的上升而增加，因此，接近高潮带的海三棱藨草群落成为底栖动物的适宜栖息地，其多样性指数在该区域是最高的。九段沙的堇拟沼螺等腹足类动物在海三棱藨草群落中的最高密度可达 2832 个 /m^2，主要是密集地分布在海三棱藨草植株的下半部分和滩涂表面，这里不仅水流流速和风力已经大幅下降，有利

何文珊 摄

于这类活动能力较差的底栖动物生长，同时周期性的潮水淹没可带来有机碎屑物作为其食物来源。海三棱藨草也为迁徙鸟类提供了理想的栖息地和觅食地。海三棱藨草具有有性繁殖和无性繁殖两种方式，无性繁殖通过发达的地下根茎和球茎延伸完成。球茎富含淀粉，是小天鹅、野鸭等水禽的重要饵料。海三棱藨草地下部分的重金属（锌、铜、铅、锰、镉）积累高于地上部分，并且其地下部分对锌、铜、锰的积累能力显著高于芦苇的地上部分和地下部分。长江口的海三棱藨草能在湿地演替初期形成密度和生物量都很高的单种群落，并支持多样性较高的底栖动物群落，其净化功能得以增强。

海三棱藨草（章克家摄）

湿地植被通常对整个生态系统具有重要的意义，因为它们提供的初级生产力，除了少量被直接消费外，大部分都以碎屑物的方式进入湿地内及近海的消费者群体中。植被是湿地景观的主要组成部分，在动力作用较为强烈的滨海湿地上为其他生物提供了稳定可靠的栖息生境，因此，即使在湿地演替的中间阶段，优势植物也常常被视作关键种。在茂盛的芦苇丛中有适应该生境的鸟类，如芦苇群落中的特有种震旦鸦雀，它们有与环境相似的体色，并以芦苇丛中的昆虫为主食。鸥类是在裸露的干海草、被冲上潮滩的海草丛以及枯败的米草丛中营巢。虽然过于茂盛的盐沼植被妨碍了大部分鸟类的进入，但是，能够提供庇护场所的稀疏植被仍是许多水鸟（如鸻鹬类）的主要生境组成部分。而红树林更是能够提供丰富的栖息生境，其根部为螺类、蟹类在涨潮期间提供了附着的基底和洞穴；其树干和树冠为鱼藤 *Derris trifoliata* 等藤本植物提供了攀缘的支柱；其树冠具有复杂的枝桠，多为鹭类的营巢区；红树林的大量凋落物除了随潮水进入近海外，也有部分堆积在地表，成为微生物丰富的腐殖质。一旦红树林被砍伐，不仅生物多样性随之下降，而且滨海湿地的诸多功能如抗风防灾、净化水体等也会随之减弱。因此，红树林的引种、造林、次生林改造、退化生态系恢复等成为近年来热带、亚热带宜林海岸带的主要生态恢复手段。

除了初级生产者植物外，消费者，尤其是位于食物链顶级的消费者往往也能自上而下地控制生态系统的重要生态过程。如褐鲣鸟 *Sula leucogaster* 与红脚鲣鸟 *Sula sula* 是我国西沙群岛主要栖息繁殖鸟种群，它们的粪便是岛屿生态系统重要的有机肥料，对于维持西沙群岛生态平衡具有至关重要的作用，因此，这些鸟类被视作那里的关键种。

有些物种虽然处于食物链的中间地位，但是它们能控制生态系统中的关键过程，也应视作关键种。比如，在三亚的珊瑚礁生态系统中，法螺 *Charonia tritonis* 是一种常见螺类，以棘冠海星 *Acanthaster planci* 为食。因法螺味鲜美，且螺壳漂亮而价高，在 20 世纪 80 ～ 90 年代

遭到大量捕捞，现在三亚海域中法螺的数量已经极少，导致棘冠海星迅速繁殖，泛滥成灾。棘冠海星又是珊瑚虫的天敌，其种群爆发对造礁珊瑚具有毁灭性的破坏。通常采用捕捞等方法都无法控制棘冠海星种群。因此，只有将法螺作为这个生态系统的关键种，控制对其的捕捞，才能有效地保护当地的珊瑚礁。

2. 滨海湿地生态恢复工程

大部分滨海湿地都因海陆交互作用的动态平衡而处于持续的波动过程中。尤其我国的入海河流多具有多水多沙的特点，河口湿地如黄河口和长江口都处在较为快速的演变过程中，以此推动了滨海湿地的生态演替过程。这种可逆的快速演替也是滨海湿地与其他类型湿地的不同之处，也为有效地开展滨海湿地生态恢复工程提供了可能性。如果仍然保留有天然植被，应在天然植被的基础上进行自然恢复，其优点是可以缩短实现植被覆盖所需的时间，保护珍稀物种和增加森林的稳定性，投资小，效益高。

但是，不是所有的生态破坏都是可逆的。围垦通常是不可逆的，因为土地的水文过程、物理性质都已经发生了根本的变化，在成陆的过程中，陆生杂草会很快入侵，导致原有的湿地生物群落丧失。在国外有去掉海堤进行滨海湿地恢复的案例，但通常需要付出高昂的经济代价。在热带生物海岸生态系统中，毁林毁礁式开发的生态破坏也是不可逆的。自然灾害导致的生态破坏通常在灾害过后可以自然恢复，但需要 20 ~ 25 年甚至 60 ~ 100 年。环境压力导致的生态系统衰退，能随着环境压力的消失而自然恢复。

在这种情况下就只能采取生态恢复，即通过人工的方法，参照自然规律，创造良好的环境，恢复天然的生态系统，主要是重新创造、引导或加速自然演化过程。虽然生态修复追求的是“宛自天工”的境界，但是，由于生态系统的复杂性，生态恢复难以达到一模一样的原始状态，并且生态恢复工程通常具有较为明确的社会意义和经济意义，首先要明确目的，如恢复生物栖息地、提高湿地的净化功能、恢复湿地景观等，所采用的措施和技术都是不同的。

常见的滨海湿地生态恢复方法包括物种框架法和最大生物多样性方法，都是利用滨海湿地的盐沼植物、红树林和海草等（自然的或人工的）初级生产力为主要成分，组建滨海湿地生态系统，利用其自律行为使之具有促淤、净化水体、提供栖息地等功能。物种框架法是指在距离天然植被不远的地方，人工建立一个群落，作为恢复生态系统的基本框架，这些物种通常是植物群落中的演替早期阶段物种或演替中期阶段物种。而最大生物多样性方法是，尽可能地按照生态系统退化前或同一气候带下相似生态系统的物种组成及多样性水平进行恢复，需要大量种植演替成熟阶段的物种，忽略先锋物种。无论哪种方法，在这些过程中要对恢复地点进行准备，注意种子采集和种苗培育、种植和抚育，利用自然力，控制杂草，利用乡土种，进行生态恢复。在立地条件较好的地方可采用最大生物多样性法，而在立地条件较差或明显

受到自然干扰的地方，较多采用物种框架法。在设计和实施这类生态工程时，对恢复（引入）物种要进行严格的管理，所进行的工作包括：对物种生态位的预测和设计、群落恢复计划、环境评价与监测等。我国目前的红树林自然保护区都在开展红树林生态恢复工程，选用物种通常有：白骨壤、秋茄、桐花树、木榄、红海榄、海漆 *Excoecaria agallocha* 等。

此外，还有生物栖息地恢复技术、围滩养殖、盐土农业等。

生物栖息地恢复技术是根据目标物种对栖息地的要求来进行针对性的恢复。如对恢复以鸻鹬类鸟为主的鸟类栖息地就必须考虑到光滩、植被和明水面之间的适当比例，对恢复小型兽类的栖息地就要考虑到林、灌的比例。在长江口曾开展过针对不同生物类群的生态工程，如 1997 年在九段沙开展的构建湿地鸟类栖息地的生态工程。工程中注意到长江口的沙洲在新生之际具有很大的不稳定性，因此在阴沙向沙洲演变的过程中，强化植被的稳定作用。为了尽快在长江口南岸构建理想的鸟类栖息地，吸引迁徙季节的候鸟群，刚刚发育为新生沙洲的九段沙中沙被选为适宜的生态工程用地，采用了类似物种框架法的植被恢复方法，苗种采自毗邻的横沙岛。该生态工程极显著地加快了中沙的演替过程，在后来的几次强台风（如 9711 台风）中，保证了该沙洲基本稳定，并且实现了生态工程的目标——确保了浦东国际机场的开航安全。由于九段沙在长江口鸟类栖息地中的重要性，2005 年被列为国家级自然保护区。此外，近年来开展的恢复底栖动物和鱼类栖息地的生态工程，除了在已知的鱼类洄游区投放目标鱼种（中华鲟）外，还在长江口深水航道北侧导堤上投放了褶牡蛎 *Ostrea plicatula*、菲律宾蛤仔 *Venerupis philippinarum* 等多种底栖动物，人工构筑了以硬底基质为主要生境的底栖动物群落，弥补了由于导堤工程为淤泥质河口带来的空白生态位，同时，丰富的底栖生物类型能在繁殖季节提供大量的幼体，作为洄游鱼类的饵料。

我国传统的港、塭养殖就是可持续性的滨海湿地渔业生产方式，在引潮纳苗的同时，不仅增加了经济物种鱼苗的数量，更重要的是构建了基围内的群落结构和碎屑物饵料，较高的生物多样性能避免鱼类受到病害的威胁。

盐土农业是较早引入我国但是仍然亟待发展的生态技术，由于滨海湿地本身处于海洋生态系统向陆地生态系统的演替过程中，许多受到干扰的滨海湿地都出现了不同程度的成陆现象，发展盐土农业能降低经济风险，同时将演替保持在一个相对稳定的亚顶级，避免出现长时期的低效的撂荒地过程。

海岛是一类特殊的生态系统，由于它的地理隔离性，因此其生态系统也较为脆弱。在生态恢复中会遇到缺乏淡水和土壤、缺乏生物资源、严重的风害或暴雨等在大陆沿海很少遇到的限制型条件。由于耐盐、抗风并具有较大树冠的乔木是海岛生物群落中的优势种，能为各类动物提供较稳定的小生境，因此，在生态恢复中，这类乔木是恢复的重点。

南麂列岛（陈水华摄）

滨海湿地的鸟类保护

人类对湿地的认识和研究始于对水禽的保护，《湿地公约》最核心的内容就是对水禽的保护。《湿地公约》的伙伴组织“湿地国际”前身就叫做“国际水鸟与湿地研究局”。所以说，水鸟是湿地的重要代表，充分体现了湿地健康、和谐、美丽的一面。对湿地鸟类的研究和保育始终是湿地科学中的主要内容之一，并且带动了对湿地生物多样性的研究。由于湿地水鸟大多具有迁徙习性，这就决定了对湿地水鸟的研究和保护也是跨国界的行为。《湿地公约》的签订也是立足于这一点。

水鸟位于湿地生态系统能量金字塔的顶端，是湿地健康的重要指示物种。《湿地公约》对一个国际重要湿地的评判标准中，直接针对水鸟的标准有两项：

芦苇边的反嘴鹬群（章克家摄）

（标准 5）如果一个湿地支持了 20 000 只或者更多的水鸟生存，则可以视为国际重要湿地。

（标准 6）如果一个湿地支持了一个种或者亚种的水鸟种群 1% 个体的生存，则可以视为国际重要湿地。

迁徙是鸟类中最重要的自然现象之一，也是鸟类学家几十年来最关注的研究方向之一。近几十年来，环志成为研究鸻鹬类迁飞过程的重要可靠手段。鸟类环志是根据标记个体研究鸟类生活史、种群动态，特别是研究鸟类运动的一种研究方法，即在鸟类集中的地点（繁殖地、越冬地或迁徙中途停歇地）捕捉鸟类，将带有惟一编号的特殊金属环或彩色塑料环固定在鸟的脚上，然后在原地放飞，以便在其他地点再次捕捉或观察到。无论是再次观察、捕捉并放飞，或偶然发现其死亡个体，都可以告诉科研人员许多与鸟类有关的信息。鸟类环志可以提供的重要信息有：

* 为详细地画出每一繁殖种群的越冬区及越冬种群的繁殖区提供佐证；

* 确立正常迁徙路线，确定每种迁徙鸟的重要中途停歇地，以及各停歇地被迁徙鸟类利用的优先程度或强度；

* 确定迁徙鸟的一般性迁徙时间表、迁徙持续时间及气候对迁徙的影响；

* 确定哪些种类是部分迁徙，当其他一些个体仍然存在时，种群中是否有一些个体每年迁徙，或者是有些个体在某些年迁徙而另外一些年不迁徙；

* 确定鸟的寿命，分析死亡原因；

在崇明东滩环志的鹬鹬即将启程（章克家摄）

* 调查每年的数量变化趋势及环境变化对鸟类种群的影响。

在迁飞路线上持续开展鸟类环志工作能为制定合理环境保护、鸟类资源保护政策提供科学依据。

目前根据迁徙水鸟种群年度迁飞的方式，全世界划分为 3 个鸟类迁飞区，我国东部沿海地区至东北就处于亚洲—大洋洲迁飞区中。通过环志和实地考察，已经证实中国的黄海沿岸和环渤海地区（黄海生态区）是鸻鹬类在春季北迁过程中重要的停留地。在这些地区内，滨海湿地为最主要生境，有相当多的河口，沿岸具有广阔的淤泥质或沙质滩涂和滩涂植被；围堤内侧的各种浅水水塘，为大量的鸻鹬类提供了丰富的食物和休息隐蔽场所。目前中国大陆的东部滨海湿地保护区中已经有上海崇明东滩鸟类自然保护区、江苏盐城自然保护区、山东黄河三角洲自然保护区、辽宁双台河口自然保护区和丹东鸭绿江口湿地自然保护区加入了东亚—澳大利西亚鸻鹬类迁徙路线保护网络，这对整个鸻鹬类迁飞群落的保护和迁飞路线的监测起到了重要作用。

澳大利亚的鸻鹬类环志研究居于此迁飞路线上的领先地位，每年有数十万只鸻鹬类被环志放飞。自 20 世纪 90 年代初，澳大利亚又率先在鸻鹬类上采用不同的彩色旗标组合，即在环志的同时在鸻鹬类的脚上按不同地区系放不同的彩色塑料脚旗，这样，在鸟类监测中通过望远镜远距离观测，可以辨明不同个体的环志地点，比以往的环志回收效率大大提高。

目前我国沿海湿地环志点分配到的旗标组合如下：

香港米埔——上白下黄

台湾——上白下蓝

崇明东滩——上黑下白

鸭绿江口——上绿下橘黄

中国的鸻鹬类环志起步较晚，在 20 世纪 80 ～ 90 年代近 20 年里仅有 2000 ～ 3000 个鸻鹬类被环志。2002 年春季，全国鸟类环志中心邀请新西兰和澳大利亚鸟类专家在鸭绿江口国家级自然保护区举办鸻鹬类的环志和彩色旗标培训班，并在国内首次进行鸻鹬类的彩色旗标系放活动。在 2003 年的春季，崇明东滩鸟类自然保护区也开始了独立的鸻鹬类环志和彩色旗标系放工作，在崇明岛中断了将近 10 年的鸻鹬类环志工作得以恢复，并且成为中国大陆首家系统开展鸻鹬类彩色旗标工作的单位。至 2005 年秋季，崇明东滩累计环志鸻鹬类 11 000 余只，其中 8800 只系放了崇明东滩独有的白黑色旗标。同时，崇明东滩在 3 年内回收来自澳大利亚、新西兰和中国台湾的环志鸻鹬类 80 余只，接到迁飞路线上其他地区的带有崇明东滩旗标的鸻鹬类目击报告 240 余起。在澳大利亚所有的崇明东滩旗标鸻鹬类目击报告中，有 2/3 来自澳大利亚西北部，而在崇明东滩回收的环志鸻鹬类中，同样也有 2/3 是从澳大利亚西北部放飞的。在崇明东滩进行彩色标记的鸻鹬类，在澳大利亚、新西兰、美国等地陆续被发现。通过数据分析，进一步证实了在崇明东滩停留的大滨鹬种群和斑尾塍鹬 *Limosa lapponica* 的 *lapponica* 亚种种群在澳大利亚的西北部印度洋沿海地区越冬，斑尾塍鹬的 *baueri* 亚种种群在新西兰越冬的事实。

在这个区域中迁飞的鸟类中，鸻鹬类占很重要的比例，每年的固定时间内，它们以数百万只个体的规模，沿固定的路线往返于澳大利亚、新西兰等南半球的越冬地和中国北方、西伯利亚、阿拉斯加等北半球的繁殖地之间，在漫长的迁徙路途中，长江口、杭州湾的沿海滩涂恰好位于这个迁徙路径的中部，栖息地辽阔，滩涂均是泥沙淤积而成的软相底质，适于植被和底栖动物的生长，因此食源非常丰富，自然成为鸻鹬类和雁鸭类等候鸟迁徙中途理想的停歇地和越冬地。

戴黄色旗标的大滨鹬是从澳大利亚飞来的（章克家摄摄于崇明东滩湿地）

公众宣传与教育

一些特殊的滨海湿地受到了全球的共同关注。比如，由于珊瑚礁生态系统在自然和人为压力前的脆弱性，国际上将 1997 年定为“珊瑚礁年”，以提高人们对珊瑚礁的保护、恢复意识和责任。

以滨海湿地为主题的生态旅游在近年得到了迅速发展，其中最值得关注的就是观鸟及鸟类摄影活动。香港米埔湿地在每年 4 月都会举办一次“猜寻呈”观鸟比赛，吸引了来自全球的观鸟爱好者，不仅令千里迢迢赶来的观鸟者领略了迷人的米埔湿地和丰富多样的鸟况，也为湿地的鸟类保育提供了宝贵的数据资料。近年来，我国的滨海湿地几乎都留下了观鸟人和摄影爱好者的足印，他们的心得和作品已经越来越丰富。大量与滨海湿地有关的摄影作品通过展览、报纸、杂志、网络等各种媒体被民众所接受，使湿地被越来越多的人所关注。

最重要的是，滨海湿地中的河口类型是入海河流的末端，只有通过全流域的管理和宣传，才能从根本上确保滨海湿地管理的有效性。滨海湿地的命运与流域息息相关，只有做好河流流域的水土保持工作，尽可能降低流域的各种污染排放，滨海湿地的生态恢复效果才能得到保障。因此，在我国的湿地科学教育中，还应更多地强调流域的管理思想，还一江清水，再现碧海蓝天。

（崔丽娟摄）

主要参考文献

陈汉斌，郑亦津，李法曾．1989．山东植物志（上卷）．青岛：青岛出版社．

陈汉斌，郑亦津，李法曾．1997．山东植物志（下卷）．青岛：青岛出版社．

陈吉余．2000．陈吉余（伊石）2000——从事河口海岸研究55年论文选．上海：华东师范大学出版社．

陈家宽．2003．上海九段沙湿地自然保护区科学考察集．北京：科学出版社．

丁东，李日辉．2001．黄河口地区湿地的研究与保护．海岸工程，3：33 ~ 38．

范航清，梁士楚．1995．中国红树林研究与管理．北京：科学出版社．

谷东起，赵晓涛，夏东兴．2003．中国海岸湿地退化压力因素的综合分析．海洋学报，25（1）：78 ~ 85．

广东省植物研究所编辑．1977．海南植物志．北京：科学出版社．

郭郛，李约瑟（英），成庆泰．1999．中国古代动物学史．北京：科学出版社．

国际鸟盟．2004．拯救亚洲的受胁鸟类:政府和民间团体工作指南(中文版)．英国剑桥:国际鸟盟．

国家科学技术部农村与社会发展司中国农村技术开发中心．1999．浅海滩涂资源开发．北京：海洋出版社．

李荣冠．2003．中国海陆架及邻近海域大型底栖生物．北京：海洋出版社．

刘建康．2000．高级水生生物学．北京：科学出版社．

刘淼．1996．明清沿海当地开发研究．广东：汕头大学出版社．

陆健健．1990．中国湿地．上海：华东师范大学出版社．

陆健健．1994．中国水鸟研究．上海：华东师范大学出版社．

陆健健．2004．河口生态学．上海：华东师范大学出版社．

任海，李萍，彭少麟，2004，海岛与海岸带生态系统恢复与生态系统管理．北京：科学出版社．

沈国英，施并章．2002．海洋生态学（第二版）．北京：科学出版社．

孙鸿烈．2005．中国生态系统．北京：科学出版社．

唐廷贵，张万钧．2003．论中国海岸带大米草生态工程效益与“生态入侵”．中国工程科学，5（3）：15 ~ 20．

陶思明．2003．湿地生态与保护．北京：中国环境科学出版社．

王日根，李娜．2001．试论明清东南沿海海洋经济模式的演迁．社会科学辑刊，06期．

王伟，陆健健．2003．话说海草．大自然，2：24 ~ 25．

吴玲玲，陆健健，童春富，刘存岐．2003．长江口湿地生态系统服务功能价值的评估．长江流域资源与环境，12（5）：411 ~ 416．

肖笃宁，胡远满，李秀珍．2001．环渤海三角洲湿地的景观生态学研究．北京：科学出版社．

徐凤山．1997．中国海双壳类软体动物．北京：科学出版社．

徐宏发，赵云龙．2005．上海市崇明东滩鸟类自然保护区科学考察集．北京：中国林业出版社．

杨强．2004．论明清环渤海区域的海洋发展．中国社会经济史研究，01期．

杨世伦，时钟，赵庆英．2001．长江口潮沼植物对动力沉积过程的影响．海洋学报，23（4）：75 ~ 61．

杨文鹤．2000．中国海岛．北京：海洋出版社．

杨文衡．1997．试论中国古代地学与自然和社会环境的关系．自然科学史研究，01期．

于运全．2004．“以海为田”内涵考论．中国社会经济史，01期．

曾昭璇，梁景芬，丘世钧．1997．中国珊瑚礁地貌研究．广州：广东人民出版社．
张孚允，杨若莉．1997．中国鸟类迁徙研究．北京：中国林业出版社．
张健，施青松，张元和．2004．加强滩涂资源保护，推进海域使用管理．海域管理工作通讯，第 3 期．
张乔民．2001．我国热带生物海岸的现状及生态系统的修复与重建．海洋与湖沼，32（4）：454 ~ 464．
赵大昌主编．1996．中国海岸带植被．北京：海洋出版社．
赵焕庭，张乔民，宋朝景等．1999．华南海岸和南海诸岛地貌与环境．北京：科学出版社．
赵可夫，李法曾．1999．中国盐生植物．北京：科学出版社．
赵学敏．2005．湿地：人与自然和谐共存的家园——中国湿地保护．北京：中国林业出版社．
浙江省环境保护局．1994．南麂列岛自然保护区综合考察文集．北京：中国环境科学出版社．
中国科学院植物研究所．1994．中国高等植物图鉴．北京：科学出版社．
中国科学院中国植物志编辑委员会．1992．中国植物志（第八卷）．北京：科学出版社．
中国科学院中国植物志编辑委员会．2002．中国植物志（第九卷，第二分册）．北京：科学出版社．
中国鸟类学会．2005．中国观鸟年报（2004）．北京：中国鸟类学会．
中国湿地植被编辑委员会．1999．中国湿地植被．北京：科学出版社．
仲崇禄，张勇．2003．我国木麻黄的引种培育和经营．林业科技开发，17（2）：3 ~ 5．
Davis， T.J. (Editor). 1994. The Ramsar Convention Manual: A guide for the Convention on Wetlands of International Importance especially as waterfowl habitat. Ramsar Convention Bureau， Gland， Switzerland. 207 p.
Primack， R. B.， 1996，保护生物学概论（中译本），长沙：湖南科学技术出版社．

南沙群岛在线：http://www.nansha.org.cn/
世界自然基金会（香港）：http://www.wwf.org.hk/chi/index.html.
香港鲸豚网：http://www.chinese-white-dolphin.net/
中国海洋信息网：http://www.coi.gov.cn/
中国自然保护区网：http://www.nre.cn/

（陈水华摄）